U0004646

用圖像思考法整理人生

80道練習題，立刻行動實踐夢想

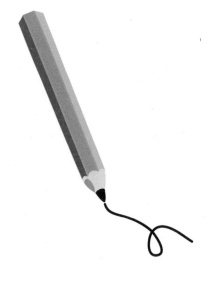

薩維耶・德朗蓋尼(Xavier Delengaigne)◎著

莎瑪・奧特瑪　(Salma Otmani)◎插圖

蔡孟貞◎譯

從心出發，讓圖像引導，活出你想要的人生

英國博贊亞洲華文心智圖法輔導師　曾荃鈺

電影《征服情海》中有句台詞說道：「如果心是空的，腦袋再聰明也沒用。」劇中對白談的是運動經紀人，但我覺得拿來談關乎感受和充滿力量的圖像，也很合適。

我是一個教圖像學習的老師，從臺藝大圖文傳播藝術研究所畢業後，投入超過十年的時間做心智圖法教學，從兒童營隊到企業內訓，在台灣跟中國商學院繪製視覺圖像記錄，我觀察到，企業重視心智圖的「智」遠勝過「心」，甚至中國稱心智圖為「思維導圖」，少了心，我覺得渾身不對勁，既然圖像是有感覺的傳達，而感覺又是關乎人的，我深信要先讓有感覺的圖像帶著你，才能感動自己，啟發別人。

但你可能腦中馬上會浮現出幾個問題，例如：「企業需要一張張美美的圖嗎？如果沒有圖，難道就不能夠呈現出重點嗎？」「在TED演講現場大張的即時視覺圖像紀錄，是很漂亮沒錯，但閱讀時好像還是需要有人解釋才知道該從哪兒開始耶？把演講畫成圖，真的就會比較清楚嗎？」「畫圖感覺上要有設計背景或是設計師才能做到，沒有圖像學習基礎的一般人，真的可以學會圖像紀錄嗎？」

資訊＋故事＋設計，三個要素一次滿足，才是真正的圖像思考

會有上列疑問，關鍵在於「將資訊圖像化的過程中，沒有讓看不見的想法被看見」。如果資訊是理性的，圖像是感性的，那麼視覺化的圖像思考過程，應該要用有邏輯的故事跟設計，透過圖像做出感性與理性兼具的資訊表達，這個「圖像思考」的過程其實就是將「解決問題的過程視覺化」，這也就是這本書《用圖像思考法整理人生》之所以有威力的地方，用圖像思考自己的人生，生涯只有看得見的東西才能計畫掌握，人生才能在自己手中。

紐約知名設計工作室 Hyperakt 設計師 Josh Smith 曾在專訪中說過：「設計師的工作就是要反覆地修正潤飾，直到客戶及所有人皆同意已經『竭盡所能將資訊用最好的方式呈現』後才停止，這個細緻化的測試過程，彌足珍貴。」我很喜歡這段話，他真實地點出上述三個問題的核心點，當圖像只被用來簡化流程，卻沒有經歷過來回反覆修正潤飾的歷程，其實反而失去圖像思考的核心，實在可惜，因為圖像思考從來就不是懶惰思考的藉口，圖像思考是在一張圖中，同時有資訊、故事跟設計，是三個願望一次滿足。

這本書完美地將「故事邏輯」跟「資訊設計」結合，並清楚地用圖像呈現舉例，書中的練習量輕且簡單生活化，你不用是設計科系出身，每個主題都能隨時上手，用簡單幾筆畫畫看，透過結構化的主題框架幫助你整理一次自己的人生，從過去經驗、目標夢想到未來行動計畫梳理。你最終會發現，關於「整理人生」這種「大事」，只靠理性遠遠不夠，只有感覺才能激發你產生真實的行動，而行動才是人生改變的開始。

說實在話，美美的圖，就像是交往時我們再理性也會先看顏值一樣，顏值好看先加分，但顏值也只是敲門磚，要想論及婚嫁情定終身，一定要接著談談彼此的價值觀與人生觀，就像是圖像中的「重點資訊」「故事邏輯」跟「圖像設計呈現」才是思考的關鍵。我個人特別喜歡第四章關於〈夢想中的目標〉，以及第六章〈了解現在的你〉所做的引導方式，像極了我在課堂上用圖像引導運動員思考生涯的過程，作者就像是一位循循善誘的老師，親自示範並隨時陪伴，用簡單數筆帶你理清自己的人生。

　　我們都聽過「想像力比知識更重要」這句愛因斯坦的名言，但我們卻往往用填鴨跟理性的左腦試圖鍛鍊紛飛的想像力，搞得自己思緒緊繃，感到挫折。其實你只要換個方法，放輕鬆用圖像思考，隨手塗鴉放膽去畫，讓心帶著你走，不僅可以走得更遠，還可以走得更長更久。我誠摯地推薦這本書《用圖像思考法整理人生》，讓圖像引導你活出你想要的人生。

曾荃鈺
英國博贊亞洲心智圖法授證輔導師，AL加速式學習法認證，台體大兼任講師，中華民國運動員生涯規劃發展協會理事長。左手畫心智圖，右手寫視覺記錄，臺藝大圖文傳播研究所畢業後，主持體育節目「空中荃運會」入圍兩屆金鐘獎，創辦線上運動生涯教育學院，用心智圖與互動式課堂陪伴運動員探索生涯，著有《場外人生：運動員送給迷惘的我們20種力量》。

一起練習畫出腦中的想法

太棒了！又一本圖像技術的書誕生，一本有知識點、有操作、有多樣練習的工具書。用簡單的圖，畫出你腦中的思考，如果你喜歡圖像筆記，這本書推薦給你。

圖像溝通專業講師　盧慈偉

建立屬於自己的圖像思考力

繪製一張美輪美奐的心智圖，必須有圖像思考力與美術能力，本書可說是學習心智圖之前的熱身書。作者薩維耶・德朗蓋尼和我一樣，都是企業界的心智圖講師，我倆皆深感多數上班族對畫圖有極大恐懼，故作者以圖像思考為主軸，以最淺顯的說明、最直覺的圖像做為示範，從生活到工作，由淺入深地引導讀者觀摩學習，在練習題中逐步建立自己特有的圖像思考力。

心智圖天后、台灣學習力訓練師　胡雅茹

透過畫圖規劃人生

你喜歡畫圖嗎？多數人都喜歡，只是好看不好看，但是，其實我們的大腦對於圖畫是有極大學習興趣的，圖畫不只是記錄也可以規劃人生。這本書教你只要一枝筆，不需要任何畫功，人人都可上手，讓人生透過你的手好好來掌握！

閱讀人社群主編　鄭俊德

繪畫就像大腦的肌肉訓練

　　一起畫畫吧！你知道嗎？畫畫會變聰明哦！大腦具有可塑性，大腦就像肌肉一樣，你可以越練越強。神經元的突觸可以經過各種鍛鍊而增加連結，讓腦中的訊息處理和整合更加地迅速。繪畫就是一種很好的訓練，透過繪畫，視覺感知、抑制認知處理能力、左右腦協作能力都能得到提升，所以來畫畫吧！

職涯實驗室創辦人　何則文

塗鴉讓思路不再糾結

　　塗鴉是兒童發展中重要的技能，然而很多人在長大的過程中逐漸對塗鴉生疏了。塗鴉作為最原始且能將腦中想法具象化的表達方式之一，在長大後紛擾複雜的世界依然能發揮其用處！反覆思考卻無法做決定嗎？本書以保母級的教程，從重拾塗鴉技巧開始，一步步教會你如何讓腦中糾結的思路在紙張上重整釐清！

圖文作家　享翔

目　錄
CONTENTS

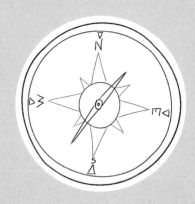

前言

一段圖畫史

把腦中的點子畫出來？這樣的想法當然不是創舉。早在史前時代，穴居的人類就已經在岩洞石壁上作畫了。那些畫裡畫的是他們腦中所想的呢？抑或只是單純他們眼中所見到的？沒有人能知道。某些壁畫想要表現的意義就這樣成了亙古之謎……一直到了文藝復興時期，達文西同樣也透過了繪圖輔以簡短文字註解的方式，來表達腦中浮現的奇想。

視覺思考訓練的先驅

時至今日，仍有好些先驅不遺餘力地鼓吹，利用廣義的繪圖概念，來呈現腦中的想法。例如美國的插畫家大衛・席貝特（David Sibbet）就是首波致力於發展圖像引導思考（facilitation graphique）[1]的先鋒人物。他後來創立了The Grove公司，綜整規劃出許多適合職場與個人領域的圖像思考模式[2]。許多其他的先行者也跟著他的步伐，接續投入探索視覺思考訓練的領域，例如：

---

1. 羅貝塔・佛哈伯（Roberta Faulhaber）：畫家，生於美國，長住巴黎，致力於推廣圖像引導思考，他認為：「所謂圖像引導的重點在於，利用視覺思維與圖畫，讓培訓過程、企業組織更活潑，從而讓無論是個人或群體更容易發揮感官創造力。」
2. 對他提出的模式有興趣的讀者，建議看看這兩本書：《個人指南》（Personal Compass）與《職涯指南》（Career Compass）。

- 伊莎貝・梅克莉（Isabelle Merkley）提出了五十種圖像模式作為圖像思考訓練的輔助工具；
- 至於朵賀蝶・朵普羅斯基（Dorothée Dobrowski），她則推薦利用策略性圖像來加快改變的速度。她在自己的書裡《圖畫解決方案：設定圖像式目標，大幅改變你的人生》（Drawing Solutions：How Visuel Goal Setting Will Change Your Life）提出了獨到的「觀看法門」。

圖像思考模式好處多

能幫助你將目標圖像化的視覺思維模式，具有多重優點：
- 圖像大多不是直線關係，更能呈現出腦中點子之間的紛雜關聯。
- 不需具備任何繪畫藝術天分，人人皆可上手。
- 能加強大腦記憶，記住之前介紹過的概念。事實上，人們更能捕捉住訊息中的內涵，當這些訊息：
  – 是以視覺圖像來呈現
  – 有清楚的層級關係
  – 能表現出三度立體空間感
- 圖像能表現出問題的全貌。而且在觀看一幅全視角的圖像時，感覺讓人更愉悅！法國國家健康醫學研究院主任，菲利普・拉修（Philippe Lachaux）在他的著作《專注的大腦》[3] 一書中，對此現象有很精闢的闡釋：「我們會很自然地將注意力放在全面性的結構上，此時，我們能更容易地理解這個大世界，這個『我們』的世界。這樣一來，世界於是變得不那麼複雜，或許也不那麼豐富，但變得更容易管理了，而且在那當下會給我們的心情帶來不容忽視的影響：有好幾份研究報告顯示，當我們心情愉快的時候，我們會進入一個更宏觀的注意力模

---

3. 菲利普・拉修，《專注的大腦：控制、掌握與放手》（Le cerveau attentif），歐蒂・賈克伯 2011年出版。

式！這就是英國人所說的『綜觀全局（The Big Picture）』。」

- 比起用文字書寫，畫圖對人類的大腦來說，無疑是比較不費腦力的理解方式。

- 用圖像做筆記更能加深繪圖者的印象，因為繪圖者需要按部就班地一步步進行，才能完成一幅圖像筆記。

- 而且畫圖本身就是件很有趣的事！繪圖者一般多能抱持著愉快的心情，循著圖像思考先驅們提供的圖像模式來完成圖像筆記，這些圖像模式就跟我們小時候最愛的假日習作本裡的練習題差不多。

- 圖像筆記能讓你的點子走出腦海，讓它們互相激盪。想法因而變得更具體，不再抽象籠統，難以捉摸。因為它們就畫在你的眼前。

本書的架構

本書分為三大部分：

- **第一部：速寫腦中的點子。**在這裡，我們將學習：
  - 怎樣畫畫
  - 怎樣完成一幅圖像筆記

- **第二部：昨日的經歷鍛造明日的夢想。**這裡，我們將學到：
  - 如何發掘出你的夢想
  - 如何從過去的經驗裡得到教訓
  - 如何把現今的情況納入考量
  - 如何看見視覺圖像的潛力

- **第三部：將目標化為圖像予以實現。**我們將學到：
  - 如何將目標化為視覺圖像，將目標變得具體，變得可以達成
  - 如何將現實納入考量
  - 如何評估手上的各種可能方案
  - 如何展開行動成功地完成計畫，達成目標

本書將運用多種圖像模式來協助讀者完成目標。我們會請你們用圖像筆記的方式來回答書中的練習題。所謂圖像筆記，指的是一種獨特的繪畫形式，裡頭包含了好幾種不同的視覺要素：

- 文字
- 圖畫
- 象形符號
- 其他

一本工具書

如何使用本書？

本書的前兩部分主要在介紹一些能夠輔助讀者完成生活目標的圖像模式。讀者可以直接在書上畫出答案。儘管如此，書頁的大小尺寸有時並不是那麼地適合記錄下一切，所以我們建議讀者找一張A4大小的紙張，或用A4的筆記本畫出練習題的答案，逐步地完成圖像筆記。這樣的做法能讓大家有更多的練習空間，讓繪圖技巧更純熟，進而讓大家在這塊天地裡感覺更自在。

使用本書所需的物品

完成書中的練習題，無須多花錢購置昂貴的物品：一張紙，一枝筆，就夠了！

讓夢想誕生吧！

本書的目標在於幫助讀者找出奔馳人生的韁繩，然後交到讀者自己的手上。而運用圖像模式的目的則是要幫助大家在飄渺的想法雲霧裡，能看清楚自己心中所望。所以，準備好要創造自己的未來了嗎？

PART 1
如何畫出你的想法？

這部分旨在給讀者一把鑰匙，讓讀者能獨立自主地以圖像來表達自己內在的想法。首先，讀者將先了解，視覺化的圖像與大腦之間天生具有生物相容性，也就是說，大腦的運作有很大一部分靠得是視覺記憶。

接著，讀者將學習如何自在無礙地畫畫。事實上，大多數的圖像都能夠以最基本的形狀來完成（圓圈、方形、三角形等等）。最後，我們將學習如何將不同的形狀與文字說明配對，從而創造出個人專屬的圖像筆記（也就是英文的「sketchnotes」）。

Chapter 1

為什麼要用畫的？

所謂圖像筆記是融合了文字與廣義繪畫的一種繪圖形式。在簡單的表象下，甚至在某些人眼裡會覺得過於簡化的線條之下，圖像筆記事實上是一個能完全貼合我們生理運作的方程式。

圖像筆記與大腦之間的生物相容性

我們的大腦喜歡圖像。

視覺的重要性

為什麼要用畫的？就像麻省理工學院大腦與認知科學系的莫里康卡教授（Mriganka）所言，「大腦有一半的功能與視覺有直接或間接的關係」。圖像筆記與大腦運作能如此貼合的原因在於：

- 圖像筆記使用了圖像：大腦對圖像的接收速度，比起相對應的文字描寫，速度要快上許多。此外，圖像呈現的經常是濃縮後的資訊。用文字來陳述圖畫裡隱含的內容總是會顯得落落長，不如圖畫來得直截了當。加拿大生理學家亞藍・帕依維歐（Allan Paivio）證明了一幅圖畫

能同時提供兩種編碼：文字與圖像編碼。

- 人類有所謂的注意前認知能力，也就是說我們會很自然地將抽象的概念轉化成圖像，以利於我們運用這項天賦的能力找出這個抽象概念成形的動機。生理學家已經證實人類具有注意前認知能力，這個能力的特徵如下：
  - 自然而然毫不費力
  - 一眼便知
  - 同步理解

- 下面的圖，可以看到，黑這個顏色讓黑色圓圈迅速地在其他眾多圓圈的環繞之中脫穎而出。

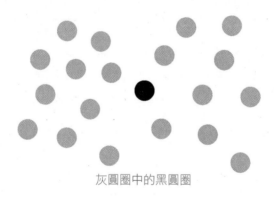

灰圓圈中的黑圓圈

下一頁的圖裡，則是因為形狀的緣故，讓圓形突破眾多方塊的包圍，迅速跳到你的眼前。

方塊中的圓

注意前認知能力的特徵會相互影響，降低此能力的發揮。此外，這些注意前認知能力的特徵更有其局限性：

- 顏色最多不能超過七種
- 且僅限於兩到三種形狀

如下圖所示，想在這些圖形中找到與眾不同的那個唯一就變得困難許多，因為有太多或形狀或顏色與它相同的圖形了。

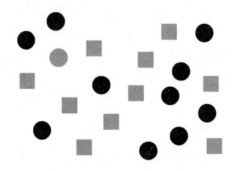

黑圓圈與灰方塊中的灰圓圈

我們的大腦由左右兩個腦半球組成，中間有一條厚厚的神經纖維帶連結，稱為胼胝體。

人類大腦的左右兩個腦半球

斯佩里醫生[1]的研究顯示，大腦的兩個半球各有不同的功能。總的來說，左半球的功能偏重：

* 邏輯　　　* 演算　　　* 推理
* 分析　　　* 字彙　　　* 細節

而右半球則專司：

* 整體性　　* 綜整　　　* 想像力　　* 色彩

右腦/左腦：功能互補

---

1. 羅傑‧斯佩里（Roger Sperry 1913~1994）：美國神經生理學家，因其對大腦半球的研究貢獻，獲得1981年的諾貝爾醫學獎。

時值今日，有關左右腦的理論，有一些科學家開始提出質疑，在此我們無意選邊站，或加入這場科學論戰，只是想把這個理論拿來當作一個比喻，在下面的內容裡，權充讀者閱讀的座標基準罷了。

如果拿一段文字與一張同等含義的對應圖像來做比較，文字會在左腦進行闡釋，而圖像則多交由右腦詮釋。

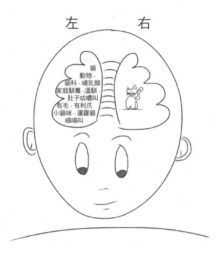

大腦對於文字與圖像的處理

右腦能將我們投射進入我們所畫的圖像裡。就算我們接收到的是一個毫無意義的形狀，大腦也會努力地為這個形狀找出一個意義。所以每當我們仰望藍天白雲，總可以望見一群群的綿羊、幾隻大象……長久以來，生理學家常利用墨水漬在腦海裡投射出來的圖像進行精神分析。好比用十張抽象圖片（皆由墨漬組成）來進行的羅夏克墨漬測驗[2]，讓受測者看了圖片後開始描述他從中看見了什麼，也就是讓他以一張圖片為基礎來說故事。更早以前的達文西就已經注意到了投射的潛能。看著一堵滿是汙漬的牆，他發現人腦總是很煩人地、一個勁地想要把牆面的汙漬重新分開、再組合成為各種物品或人物之類。

---

2. 羅夏克墨漬測驗（test de Rorschach）：是瑞士精神科醫生赫曼‧羅夏克最早於1921年所創，是非常著名的投射法人格測驗。

每一張圖都隱含著一個意義[3]

拿出一張紙和一枝筆。紙張橫放,閉上眼睛,然後在紙上隨意畫線。

美麗的信筆塗鴉畫

張開眼睛,然後在你的隨筆塗鴉裡找出一些具體的形狀(好比物品、動物之類的形體)。找出來之後,將組成這些形狀的線條加粗加黑,然後塗上相配的顏色。

你的塗鴉畫裡出現了一輛車

---

3. 此道練習題出自羅伯・麥金(Robert McKim)的《視覺思考實驗》(Experiences in Visual Thinking)。

同樣的練習題，你可以試試另一種做法，簡單地在紙上創造出專屬於自己的汙漬牆面。首先拿出另一張紙（紙張要夠厚），然後買幾條水彩顏料。將顏料一小點一小點地擠在紙上。然後將紙張對摺，將有顏料的那面摺在裡面，再用雙手壓平紙張，好讓中間的顏料能夠延展開來。最後，攤開紙張。再依循上面的方法，試著從這張彩漬圖中找出你覺得具有意義的形狀。

格式塔學派：人類大腦喜歡形狀

格式塔學派[4]是一九二○年代在德國興起的心理學理論。也就是所謂的完形心理學。

法則	效果
相似性	相似的構成部分會被視為同屬一個群體
對稱性	對稱的要素會立即被捕捉到
接近性	兩個靠近的構成部分常被置於同一群體
完整性	各要素常被合攏起來，構成同一個形狀，而非許多不同形狀

---

4. 格式塔學派（La Gestalt）：二十世紀初在德國興起的重要心理學流派，Gestalt 是德文，意指形狀、形式。

運作複雜的記憶力

圖像比文字更容易牢記

「研究顯示大腦對圖像的記憶能力，比背誦文字要高出一倍[5]。」這樣的圖像記憶能力，或許是源自於遠古史前人類的經驗累積。

愈是個人化的資訊，大腦愈容易記住

每一筆圖像筆記都與眾不同。就算是描述相同的主題，兩個不同的人畫出來的圖像，無論是在形式上或內容上都極有可能南轅北轍。事實上，每個人都會透過一片片濾鏡來看待周遭世界的資訊。因此，就算同一個人針對同一主題所畫出的圖像筆記也有可能會因時因地地改變而出現不同的樣貌。無論是在色彩、圖畫形式、接收資訊的選擇上，每個人都有顯著的不同。也就是說，圖像筆記愈是個人化，愈能激發大腦的記憶力。

事實上，一旦事關己身，一切攸關自身利益的資訊，我們當然會想盡辦法來記住。當我們在速寫大腦浮現出的點子，或別人的想法時，我們是在用圖畫來闡釋腦中所想所思。也就是說，我們在重組腦中的資訊，讓這些資訊變得更容易解讀。

與右腦溝通

同樣地，圖像筆記是利用色彩、影像等要素與右腦「交談」，來解析內心的情感，而人類大腦向來比較容易記住充滿情感的事物。

---

5. 約翰·梅迪納（譯註：J. Medina，美國分子生物學家），《大腦當家：12個讓大腦靈活的守則》（Brain Rules: 12 Principles for Surviving and Thriving at work, Home, and School），Pear Press 2008年出版。

片段的記憶

回想一下你最近在電影院或在電視上看到的電影,憑著記憶完成一套圖像筆記吧。

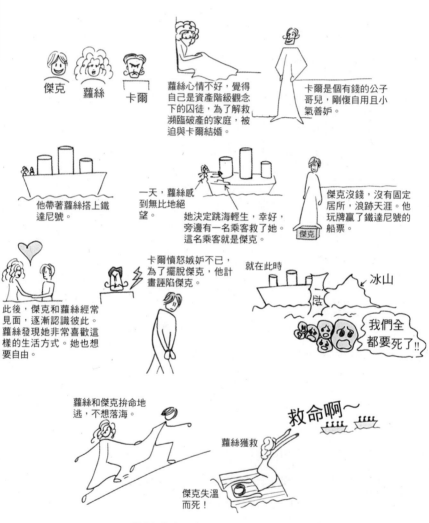

電影《鐵達尼號》的圖像筆記

這個練習題旨在讓我們了解,人類的記憶一點都沒有時間脈絡和條理可循。

手繪的重要

手跟大腦之間存在著非常特殊的關係。親筆書寫、親手作畫不僅能強化細微的運動機能，還能加深學習過程的印象。

《華爾街日報》曾有一篇報導〈手寫有助大腦的訓練〉[6]，裡面介紹了最新的相關研究，而獲得的研究結果也支持這樣的說法。科學家利用核磁共振造影術為豚鼠大腦造影，得出決定性的結果：手動書寫，相較於電腦鍵盤的敲打或滑鼠點擊，更有利於讓大腦專注，讓學習進入狀況。無論是孩童或成人，測試的結果都一樣。至於觸控式平板電腦則有點像是鼓吹手作學習的妥協方式。

視覺思考的優點

優於線性思考

文字vs.圖畫

簡單來說，相較於總是比較具象的圖畫，文字描述常流於抽象。此外，圖畫裡常隱含著另一層深意，能刺激人們下意識地深入思考。

連結想法

圖像筆記給各種想法之間提供了相互連結的可能性。在圖像筆記上，我們可以用箭頭具體地將想法予以連結。「intelligence」（智慧）一詞源自拉丁文的「interligare」，原意指的就是「創造連結」。路德維希・維根斯坦[7]認為：「智者跟畫師是同樣的人，他們都想找出萬物之

---

6. 璞德絲（G. Bounds），〈手寫有助大腦的訓練〉（How Handwriting Trains the Brain Forming Letters Is Key to Learning, Memory, Ideas），《華爾街日報》。
7. 路德維希・維根斯坦（Lugwig Wittgenstein 1889~1951）：奧地利哲學家。

間的關連[8]。」

用全視野的視角提升高度

圖像筆記可以讓我們提升觀看事物的高度，不致拘泥於細節。也就是英國人所謂的「綜觀全局」。

塗鴉能提高專注力！

在紙張的邊邊畫圖，不僅不會擾亂人們聽講的專注力，反而能夠提高專注力！科學家是如何解釋這種現象的呢？

首先，畫圖和聽講所需的大腦運作部位完全不同：

- 聽講靠的是大腦的聽覺皮層（布洛卡氏區與韋尼克氏區[9]），與專司語文理解的網絡運作
- 畫圖需要的是視覺區塊與運動區塊的同步運作

話雖如此，分別運用不同的大腦區塊並不能完全證明塗鴉與專注力之間的關係。事實上，重點是要看說聽講的內容是什麼。如果語言表達的內容包含需要解析視覺圖像的成分（好比在地圖上畫出路線之類的），那麼圖像當然就變得舉足輕重，進而可能影響到聽講。另一方面，需要大腦不同專職部位同步運作的活動，也有可能相互影響，進而要求更高的專注力來控制這些機能的運作。

幸好，隨筆小塗鴉並不需要大腦付出更多的專注力。因此，在本質上，這樣的隨筆塗鴉並不會打擾我們持續專心聽講，但是，塗鴉真能提高專注力嗎？答案是肯定的！

完成一幅圖畫作品所需的視覺專注力，會抑制一個名為「預設模式網路（réseau par défaut）」的大腦網絡運作，當我們在做白日夢，或發呆的

---

8. 維根斯坦（L. Wittengenstein），《閒散筆記》（Remarques mêlées）GF-Flammarion 2002年出版。
9. 布洛卡氏區與韋尼克氏區（Broca et Wernicke）：個體接受並表達語言的大腦掌管部位，位於大腦皮層。

時候，就是這個大腦網路運作得特別活躍的時候。

此外，最近的研究顯示[10]，注意力過度集中，反而會讓大腦緊繃，更不易於吸收資訊。而塗鴉能夠讓人心情放鬆，有利於專注精神。

漂亮的塗鴉畫

練習

完成一幅禪意速寫

「禪意速寫」指的是一種特殊的，由抽象線條組合而成的圖畫。在美國，一般稱之為「禪繞畫」。禪意速寫不僅能夠讓手變得靈巧，而且有助於讓心靈放空。最棒的是，任何人都可以成為禪意速寫大師。

禪意速寫形似曼陀羅畫，只是不一定要有一個中心圓。

---

10. 荷蘭阿姆斯特丹大學心理學家克里斯·奧力佛斯（Chris Olivers），與萊登大學心理學家桑德·紐文許斯（Sander Nieuwenhuis）共同主持的注意力瞬失測試（clignement attentionnel）研究。奧力佛斯與紐文許斯合著，〈非關任務的腦部活動對暫時性注意力的有效提升〉（The beneficial effet of concurrent task-irrelevant mental activity on temporal attention）、《心理科學》（Psychological Science）、〈在紙張邊邊上塗鴉有助於注意力的集中？〉（Griffonner dans les marges aide-t-il à se concentrer ?）、《大腦與心理》（Cerveau et psycho）。

你感受到了什麼？

當你完成一幅禪意速寫之後，你感受到了什麼？在下面內外圓的中間區域，寫下你的感受。

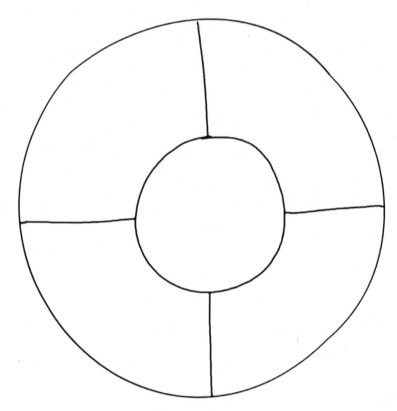

禪意速寫帶給你的感受

享受塗鴉的樂趣

圖像筆記雖然起源於腦海中出現的想像畫面，同時也是有趣的手繪遊戲。畫出圖像筆記的同時，我們也享受了其中的樂趣。

可惜長久以來，塗鴉一直被歸於遊戲類，而且常被認為是難登大雅之堂，且無用的那一類。

發展創造力

人們的想法經常是千絲萬縷，毫無一貫性，我們總是得在各種想法包圍的情況下艱難前行。若想把內心的想法表達出來，我們就得在這些想法當中進行篩檢、排序和分出輕重緩急。而畫圖有助於我們在腦中形塑出具體的畫面。

如何發展視覺思考能力？刺激視覺的環境

如果可能的話，找一面牆，在牆上盡情塗鴉，畫出你的所有想法，讓整個人浸淫在這個環境中。這些圖文將日夜陪伴你的左右。每一次走進這個房間，你會感覺到這些圖文更加融入牆面，慢慢成為牆的一部分。也許時日久了，你根本不會再注意到這些圖文的存在，但你已經下意識地將這些圖文灌注大腦之中了。

請審慎評估你準備開發視覺思維的場地。採光太差的地方當然不會是能讓人潛心作畫的好所在。最好選擇一個光線充足的地方。

練習最重要

跟慢跑一樣，一定要事先規劃確定哪些天、哪些時段專門要用來練習作畫，最好能在一天開始之前，規劃出當天必須完成的進度。

畫出日常常見的事物

每天，練習畫一樣你眼前的東西：好比一枝筆、一杯咖啡。

畫出你見到的事物……

這樣的素描練習可以拓展你的視覺敏銳度。

上哪兒找靈感？

首先，網路上有各式各樣的資訊，我們可以從中尋找如何創作圖像筆記的靈感。只要輸入英文sketchnote、sketchnoting等關鍵字就行了。目前，用英文來搜尋，找到的資料會比較豐富。

網路的搜尋途徑有：

• 利用圖片搜尋引擎（例如Google Images）。

• 利用圖片分享平台。其中Flickr最廣為人知。有非常多的圖像筆記畫家在這裡展示他們的作品。一般而言，只要敲出下面的網址http://www.flickr.com/photos/tags/sketchnotes，就能夠找到被標註「sketchnotes」的所有圖片。

• 利用影片分享平台：例如YouTube，或是Dailymotion，都可以找到許多圖像筆記的範例。而其中的教學影片更能讓我們深入地學習到，如何利用不同的筆觸與線條來畫出想要的圖案。

• 利用推特，多關注一些知名的圖像筆記畫家動態：

麥克・羅德（Mike Rohde）（@rohdesign）、桑妮・布朗（Sunni Brown）（@SunniBrown）、丹・羅姆（Dan Roam）（@dan_roam）、奧斯丁・克萊昂（Austin Kleon）（@austinkleon）、另外，當然也可以利用主題標籤（hashtag）來搜尋，例如＃sketchnotes。

• 閱讀漫畫自然也不失為一種學習如何將想法化為圖像的好方法。

以下補充內容由推薦人曾荃鈺提供：

• Pinterest：這是我最喜歡找靈感的地方，因為它的風格多元，且圖片可以儲存、建立自己的分類欄目，還會推薦類似的圖像內容讓我們累積圖像資料庫，也有比較多國外藝術家的作品，甚至會推薦相關的連結或有機會可以和這些設計者聯繫，是個能有效激發靈感的平台。搜尋方式可以依照自己喜歡的風格進行，例如：插畫、水彩、素描、油畫；也可以用主題，例如：人物、風景、動物等。以大分類搜尋的優點是可以在你要的範圍內，找到吸睛或是有特色風格的內容；有時候也可以換個方法，找到一張喜歡的圖像後，去看這個風格的設計者或藝術家其他的作品，也是我靈感的來源。

• Instagram：對年輕人來說，社群中以圖文見長的IG是找靈感最直覺的地方，可以追蹤一些知名的插畫家，像是Marion Deuchars、Christoph Niemann，或是以分享藝術創作為主題的帳號，例如@newyorkermag，在平時滑手機時能有意想不到的靈感滑過，並且善用IG的收藏功能，將靈感藏起來，之後隔一段時間再拿出來回顧找靈感，也非常方便，推薦給大家。

• GOOGLE：搜尋「圖片」也是個方法，使用搜尋工具可以選擇類型，像是插圖或是線條藝術畫來做分類，關鍵字可以搜尋英文，例如：inforgraphic、mindmap、graphicrecording、visual meeting都可以找到許多資訊。

Chapter 2

學著畫出來

「每個孩子都是天生的藝術家。問題是：如何在長大後依然是個藝術家。[1]」

畢卡索

本章的主旨不在於訓練讀者成為藝術家，而是希望能讓你明白，畫圖其實沒有那麼難。我們可以隨著書中的練習，一步一步地學習足夠的繪畫技巧，讓自己能夠比較輕鬆自如地完成圖像筆記。

畫畫，其實很簡單！

圖畫都是簡單的形狀組合

大多數的圖畫都是由七種基礎形狀組合而成：

* 點
* 線
* 圓
* 正方
* 長方
* 橢圓
* 三角

---

1. 作者譯自英文：Every Child is an artist. The problem is how to remain an artist once we grow up.

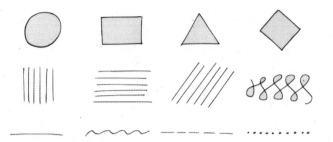

畫出簡單的形狀

每一種形狀都包含著一個意義，與一種象徵意涵。如同戴夫・葛雷
（Dave Gray）所言：

- 方形裡頭有平行與垂直線，所以會給人一種規律、秩序、穩定與堅固
  的感覺。
- 三角形裡有對角線、角和箭頭，象徵著改變和積極的作為。
- 圓形由弧線組成，代表著賭注、全部、與安全感。

因此，從孩童心智發展的角度來看，「孩子要能夠畫滿，畫足，完整地
畫出一個圓，最早是將近三歲的時候，而且總是伴隨著『自我』的概念
畫出來的，換句話說，那代表著一個完整的實體。[2]」

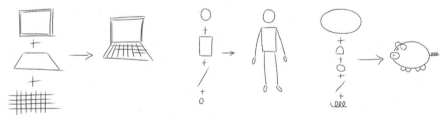

解構由簡單形狀組合而成的電腦、人與豬

---

2. 陀哲曼（S. Tordjman）與訥悠（G. Neyoux），《高潛值兒童的圖畫，從創造力到精神病理學》（Le dessin des enfants à haut potentiel, de la créativité à la psychopathologie），高潛值兒少發展國家中心和雷恩大學2010年出版。

沒那麼難！

對我們當中的大多數人而言，離開幼稚園之後，大概就沒再拿過畫筆了。於是，往往一拿起畫筆，想著要畫一幅簡單的速寫時，都難以下筆。本章的主旨在於利用一系列的繪圖練習，讓大家了解，其實畫畫並沒有那麼難。

此外，將想法化為圖像，並不代表你一定要完成一幅完整的精確圖；有時候，單純的類似格局圖或地圖的簡圖，就足以表達出你的想法。

練習 每個人有自己的路

請畫出你從家裡出發到辦公室的行經路線圖：

住家到公司的交通路線圖

現在請畫出從家裡出發到上次度假地點的交通路線圖：

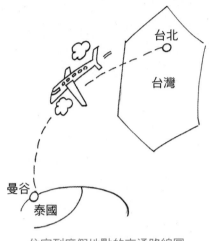

住家到度假地點的交通路線圖

漂亮的格局圖

畫出你家的格局圖：

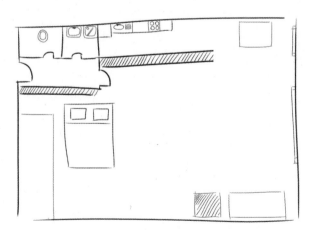

住家格局圖

自我介紹

用圖畫呈現你身上的特質：

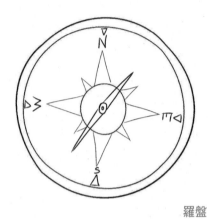

永遠能作出有意義的決斷
不會失去方向

羅盤

畫出自己的人生

拿一張紙（最好是A3的大小）與一枝筆。紙張的正中央畫一個氣泡，在氣泡裡寫下你的名字，氣泡周圍加上四片花瓣。

每一瓣代表一個主題：

• 旅行（你完成的旅行，你喜歡做的事之類……）
• 家居
• 工作
• 飲食（你喜歡吃的東西，你最愛的餐館類型之類……）。

這張圖的目的在學習如何畫這四項主題的內容。

人生之花

畫時間

畫出你上一次的假期之旅：

上一次度假

畫出你昨天做的活動：

昨天的活動

瘋狂的畫

畫一樣以注音符號 ㄇ、ㄒ、ㄨ、ㄅ、ㄉ、ㄇ、ㄋ、ㄍ、ㄆ、ㄘ 為起首的
東西（物品、人物、動物都可以）。

ㄇ
（貓咪）

ㄇ
（模仿）

ㄒ
（笑）

ㄋ
（鳥巢）

ㄨ
（忘記）

ㄍ
（觀察）

ㄅ
（保齡球瓶）

ㄆ
（撲滿）

ㄉ
（獨一無二）

ㄘ
（刺）

注音發想隨意畫

圖畫聽寫

看著下列字彙，盡可能快速地隨手畫出來：領帶、堅硬、拋擲、高處、下樓、穿越、走入、彗星、淋濕、鄰居。

圖畫聽寫

什麼都能畫

畫字母

我們的書寫文字多半源自圖畫。事實上，古老的語言，好比象形文字，就跟圖畫非常相近。今日某些國家的語言，例如中文和日文，仍然保留著一些圖畫的意象。

為了讓圖像筆記更能表達出我們內心的意念，我們強力建議多多利用各種不同的書寫體裁來呈現腦中想法。

練習

畫自己的名字

拿一張紙。寫下你的名字，然後再添一些插圖，簡略地刻劃一下你這個人的樣貌：你的個性、愛好等等。

名字隨筆畫

練習

畫字彙

請以最貼合字義的字體體裁寫出下列字彙：冷、濕、意外、閃電。

體現字義的書寫體裁

琳達‧史考特（Linda Scott）的著作《我的字母書》（Mon Letters Book）
裡頭，列舉了數十種的字母書寫體裁，非常有趣。下面擷取一些供大家
參考：
- 長毛的字母
- 結冰的字母
- 怪物字母

一些充滿字義的字母書寫體裁

當然，人人都有畫錯的時候。此時，若你用的是無法擦掉的筆，那麼就
得想辦法圓回來。練習畫得多了，熟能生巧，自然便能把錯誤的那一筆
給掩飾過去。

掩飾畫錯之筆

練習

畫人

我們可以極隨意地用兩三筆勾勒出人的形體。最常見的畫法有下列幾種：
- 火柴人：火柴人當然是最容易的一種。丹‧羅姆的書採用的就是這種畫
  法。簡單的火柴人可以輕鬆勾勒出各式各樣的人物姿態。

火柴人

- 星星人：是圖像引導思維方式的擁護者常用的筆法。這樣的畫法有很多優點，星星蘊含的象徵意義能增添人的價值，而且易於勾勒人物的關節彎曲，人物也顯得有形有肉。再者，星星人也能展現人的多種姿態。

星星人

- 方塊人

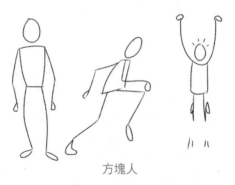

方塊人

畫出界定想法的圖框

突顯人物想法的典型圖框有：氣泡、雲朵……當然也可以用其他的圖案來呈現，好比證書框或旗幟框。

呈現想法的圖框

其他類型的圖框

畫物品

這裡，我們將按部就班地，依序學習如何畫出物品：

• 桌子

怎樣畫桌子

• 電腦

怎樣畫電腦

• 飛機

怎樣畫飛機

• 書

怎樣畫書

畫抽象的概念

畫有實體的東西都還算簡單，但換成了比較抽象的想法時，畫起來就比較有難度了。

練習　　　　　畫出內心的情感

畫出下列的情緒：

- 熱切　　　　• 憤怒　　　　• 恐慌
- 愉悅　　　　• 等待　　　　• 悲傷

熱切、憤怒、恐慌、愉悅、等待、悲傷

各種情感

不用費心去尋找整套畫畫工具。最好的筆就是你拿在手上的那一枝！

練習

畫動作

畫出下面的動作：
- 跌落山崖
- 敲門
- 跳過一灘水

跌落山崖、敲門、跳過一灘水

下筆之前，先問問自己，你畫出來的圖要具備哪些特點，也就是說，你的圖像筆記想要呈現的重點在哪裡？

假設你想要畫一隻大象，大象的特徵就是長長的象牙、扇子般的大耳朵與長長的鼻子。若是想畫女巫，特徵就變成了掃把、尖尖的黑帽、直直的頭髮和長長的鷹鉤鼻。

史前人類已經能畫出動物的動作

史前壁畫研究專家馬克‧阿茲瑪（Marc Azema）大膽假設，冰河時期的史前人類已經能生動地畫出動物的動作，他們會運用下列的繪畫技巧：

- 姿勢重疊：這個技巧普遍地運用在漫畫上。位於法國西南多爾多涅省（Dordogne）的利默伊鎮（Limeuil）洞窟內的史前壁畫，眾馬奔馳，就是利用馬蹄重疊的技巧來呈現奔騰的效果。
- 背景變化：例如動物落崖的動感，就是藉由背景的逐步變化來呈現。
- 放大某些部位，讓人產生聯想：某些壁畫就藉由放大動物頭部的大特寫來呈現動物警覺地窺伺獵物的專注神態。
- 約定成俗的畫法：動物奔跑的樣貌，常用拉長的四肢來表示。
- 利用岩石的暗影與突起：科學家發現肖維岩洞[3]裡的壁畫，會因為油燈燈光的移動而讓人產生壁畫上動物跟著移動的錯覺[4]。

---

3. 肖維岩洞（Chauvet）：位於法國東南部的洞穴，洞內有上千幅史前壁畫，今已是聯合國世界文化遺產。
4. 朵提耶（譯註：J.-F. Dortier法國社會學家），〈電影已有三萬年的歷史〉（Le cinéma a 30000 ans），《人類科學期刊》（Sciences Humaines），第237期，2012年5月。

建立自己專屬的圖庫

以下是圖庫必備的一些基本圖樣。

我的圖庫

邊畫邊玩

找一疊名片大小的卡紙，正面寫個字，背面則畫出該字的圖
像。然後從中抽出一張卡片，按照卡片正面上的字，另外在別
的紙張上畫出符合該字的圖，這個遊戲的目的在測試你新畫出
的圖是否與原本卡片背面的圖樣一致。每天晚上，抽一張卡
片，然後畫一張圖，畫完後，轉到卡片背面，看看今天新畫的
圖是否近似原先的圖。

Chapter 3

怎樣完成一幅圖像筆記

> 「我們大腦的思考方式不是線性式或序列式的，
> 然而我們接收到的每一筆資訊都是以一種線性的形式傳遞來的……
> 於是我們學會了以這種限縮我們思考能力的方式來溝通。[1]
> 理查・伍爾曼[2]《資訊焦慮》（Information Anxiety）

所謂圖像筆記是由圖畫、文字與輔助圖像思考的結構圖所構成。圖像筆記說穿了其實跟素描差不多，也算是一種速寫。皮耶・拉魯斯（Pierre Larousse）編纂的《十九世紀大辭典》（Grand Dictionnaire universel du XIXe siécle）裡，對素描一詞的定義如下：「素描，在繪畫藝術領域中，指的是簡筆迅速繪就的草稿，等同於作家筆下的筆記。」

時至今日，圖像筆記逐漸發展，已經完全跳脫了先前定義的範圍。儘管如此，一幅圖像筆記還是得符合一套由文字、表單、深淺陰影、顏色、圖誌與構圖組成的，實實在在的視覺圖像文法的規定。

---

1. 作者譯自英文『We do not think in a linear, sequential way, yet every body of information that is given to us is given to us in a linear manner……we are taught to communicate in a way that is actually constricting our ability to think.』。
2. 理查・伍爾曼（Richard Saul Wurman）：美國建築師，平面設計師。

成功畫出一幅圖像筆記的關鍵

文字有自己的話要說

雖說圖像筆記的重點是視覺的畫面，但並不禁止使用文字。

通常加註文字能釐清圖裡可能存在的曖昧未明。假使你才剛開始學畫畫，假設你用的地圖是電腦下載下來的公用地圖，在旁邊加上文字說明，會是比較明智的做法。圖像筆記裡的文字跟傳統書籍裡面的文字用法不太相同。首先，圖像筆記裡的文字多是關鍵字，而不是完整的句子（就像標註在心智圖裡的文字）。再者，文字可以用各種不同的表現方式來強調其含義：例如字體的大小、用色等等。

圖像筆記裡的文字有兩種形態：

• 劃分層級的組織形態
• 區分不同的差別形態

文字轉化的圖像

用特殊的效果呈現文字，更能將重要的想法突顯出來，跳脫細節的糾纏。有時候，連字母本身也能轉化成真真正正的圖像。

所以，在圖像筆記裡，圖畫有時就存在文字裡。圖與文兩者相輔相成，彼此交織，用圖文的組合創造新意。

列清單，將想法變得有條理的第一步

想讓腦中的資訊變得條理分明，列清單是首選。

傑克・古迪[3]在他的書《圖像思考》裡說得透徹：因為腦中的想法常常過於抽象，列舉清單也就顯得愈發重要。

列清單有多重功能：

• 列出待辦事項（to do list）

• 列出待確認事項（checklist）

當然，在圖像筆記裡，可以使用各式各樣的條列符號或數字來一一列出事項：例如箭頭、圓點等

各類條列符號

圖文框

可以用各種不同的圖文框進一步地突顯清單列出的事項：如雲朵框、證書框等。圖文框具備的功能有：

---

3. 傑克・古迪（Jack Goody 1919~2015）：英國人類社會學家

- 強調突顯資訊的內容。
- 將同質性的事項集結成同一組，區分出不同性質的事項。

我的經驗談是，最好把圖文框留在最後畫，因為圖文框一旦畫出來，萬一框內的事項稍有遺漏，日後想要增補就找不到空間了，當然也可以一開始就把圖文框畫得很大，預留足夠的空間！

圖文框

盡情揮灑色彩

圖像筆記裡的色彩運用具有多種相輔相成的功能：

- 分組：色彩有將資訊分門別類的功用。這樣的分類可以區分出各類型的不同想法。事實上，人類正是透過劃分區隔——你我同類，或你我不同——的有色濾鏡來認識周遭的世界。

- 專注：在圖卡上塗顏色能夠讓我們精神變得專注，就像在畫曼陀羅畫時一樣。事實上，某些治療師甚至將曼陀羅畫的著色練習當作改善孩子專注力不足的處方。為自己的圖像筆記上色，無疑等於讓我們重溫幼兒園童稚時期，小心翼翼地為圖形上色，努力地不把顏色畫出線條外的專注感。

- 溫習：替自己畫的圖上色，思忖著給圖卡上畫著的資訊找一個最合適的顏色，已然就是再一次的溫習。

- 醞釀：為圖卡上色總是需要時間，這段著色的時間正好讓我們思索醞

釀圖卡上的資訊內容。

- 尋回赤子之心：很快地，為自己的圖像筆記上色，就會變成一種好玩的遊戲。挑選合適的顏色，為自己的圖像筆記增添色彩，樂趣無窮。經驗告訴我們，顏色的選擇最好不超過三到四種，五顏六色的繽紛圖像筆記容易導致視覺疲勞。

影子遊戲

畫影子的主要目的是要讓圖像更有立體感。一般多用灰色簽字筆或鉛筆來描陰影。影子的位置當然要視光線的來源而定。

影子

連結想法

圖像筆記的強項是能清楚地呈現出各路資訊之間的關係。也就是說，圖像筆記的連結關係圖上，必然要有連結線。這種想法之間的位置關係圖有助於我們了解重要資訊間的複雜關係，與它們之間的交叉關聯。光在腦子裡想像它們的位置與關係，視覺功用難以完全發揮。

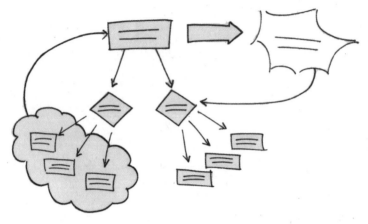

連結想法

用圖文符號標註想法的成形過程

圖文符號包含了象形文字、圖標與表意符號。

這些圖文符號能標註出各類想法成形的過程。隨著圖像筆記內容的逐步
增加，我們必須隨之慢慢地訂出各種圖文符號的定義。甚至編纂出一部
真正的視覺圖文符號字典。當然，我們可以從生活中尋常可見的圖文符
號裡找尋靈感：例如道路交通號誌之類的。

用圖像表達想法

圖像筆記包含各種不同的圖像，不僅僅是我們畫出的圖畫而已，這些圖
像統統都是用來表達我們的想法。

一般而言，圖像筆記上會有人物、人臉這類特別能吸引人們注意力的圖
像。

將想法轉化成圖像

新近的研究[4]顯示，最讓人懷念的相片類型與我們所想的大相徑庭。也就是說，一般人約定俗成地認為，靜謐的風景照片，例如森林或沙漠照，最容易遭人遺忘。然而，研究的結果顯示恰恰相反。一張照片之所以能讓人難以忘懷，主要是因為它具有下列的特質：

• 奇特
• 好笑
• 有趣

換句話說，某些特點能加強人們對該畫面的印象：

• 人物的出現（就算我們並不認識他們），尤其是當他們處於動態的情境下。
• 與人有關的東西：椅子、車輛等等。

我們可以大膽地把這些研究結果轉嫁到圖像筆記的構圖裡。為了加強我們的記憶，所以多畫些動態人物和跟人有關的東西吧。

---

4. 艾莉森・邦德（Alison Bond），〈揮之不去的場景〉（Haunting Scenes），《科學美國人：頭腦》（Scientific American Mind）。

工欲善其事，必先利其器

高品質的紙張

選擇什麼樣的紙，端看我們的圖像筆記需要達到什麼樣的目的而定。如果腦中想法還處於混沌模糊的概念階段，用的紙張品質可以選擇比較普通的。然而，用筆的選擇還是得小心一些，若你選擇用簽字筆，墨水很可能會滲透到紙張背面。

初學者最好選擇大尺寸的紙張：最小也要有A3的大小。大多數的時候，紙張大些總是比較容易畫出想要的圖案。這些東西在專門的文具店或繪畫用品店裡都可找得到。出門在外時，也許無法取得A3大小的紙張（不易隨身攜帶）。所以必要時，也可以就地取材，畫在地墊或油布的背面。最好能用不會傷害牆壁壁面的膠帶將圖畫黏在牆上。

圖像筆記用的紙張無論是橫向或直向擺放皆可。大部分的時候，橫向比較能貼合人們的視野範圍。其實，選用橫放的理由並非僅此而已。橫放還能讓我們擺脫舊有的閱讀習慣。平行式的構圖有助於打破筆記瀏覽者的既定方向感。

若要將圖片集結成冊，最好能設計一張堅硬的封面。一方面可以保護裡面的一張張圖像筆記，另一方面，在開會的時候，硬質封面還可拿來當速記用的墊板。

鉛筆很快就不夠看了

大多數的圖像筆記都是彩色的，但也有些人，例如麥克·羅德，他們的圖幾乎只有黑白兩色。跟孩子一樣，隨著時間的推移，我們會慢慢地體會到選擇色彩的樂趣所在。

色鉛筆或簽字筆都可以。另外，螢光筆也是讓圖像筆記變成一幅絢麗畫作的絕佳工具。

關係	使用的圖形
因果關係	箭頭
後續發展	圖表：先前／現在／往後 編年時間軸
不同分類	清單 蛛網圖（Spidermap）

想法之間的主要連結線

以下補充編註內容由推薦人曾荃鈺提供：

圖像筆記跟心智圖法的文具，依照你呈現圖像的目的，可以挑選一般文具店（101文具、光南批發、無印良品）或是美術用品店，即可買到需要的不同尺寸紙張、軟硬頭筆、或是細彩色筆跟色鉛筆，至於要不要用到天王級的posca水性油性兼具的快乾疊色用筆，或是SKB水性雙頭美工筆，就依照個人的喜好。

我個人練習繪圖時，用的是無印良品的黑、藍、紅原子筆和Pentel的36色細彩色筆，身邊會隨身攜帶一本可隨手塗鴉、大小適中放進包包或身上口袋的筆記本，它可以幫助我把隨時靈光閃現的想法捕捉下來，愛迪生、海明威跟達文西等人，也都會在散步時或睡前，隨手將靈光浮現的想法或是思考問題的階段總結記錄下來，讓筆記變成一種習慣。

PART 2
如何畫出你的夢想？

小時候，我們總懷抱著許多夢想：當太空人、像超人一樣在天空飛翔……。只是隨著年齡的增長，這些夢想慢慢地消失不見，它們是「長大」過程中的犧牲品。然而在當時，這些夢想形塑了我們，伴隨著我們度過每一天。

長大後，夢想並不是全部消失不見，它們只是被埋進了我們的心底最深處。本書的這個部分，首先就是要談談如何將這些舊時的夢想挖掘出來，撢掉它們身上蒙的灰，讓它們重見天日！

接著，我們將回到過去，從過往的經歷中尋找未來的契機。

也就是說，本書的前半段目的就是要幫助大家：

・學習一些基礎的繪畫知識，讓大家均能輕鬆自在地畫出自己的想法。

・同時尋回大家的赤子之心，童年舊事。

Chapter 4

夢想中的目標

> 「自信地朝著夢想的方向邁進。活出你想像的人生。」
> 大衛‧梭羅[1]

- 通過高中會考
- 找到工作
- 買車
- 買房
- 成家
- 安穩無憂地退休

上面這張清單內容應該是多數西方人一生順遂的總結。可是，看起來有些令人感到沮喪，對不對？然而，改變自己人生的鑰匙，其實都握在我們的手掌心裡。古典時代的希臘羅馬哲人都曾有過看似略顯瘋狂的夢想，他們夢想著將自己的人生活成一部藝術品。或許這真有可能實現呢，誰知道？

讓我們來瞧瞧，該如何將我們的夢想轉化成可以實踐的具體目標。

---

1. 作者譯自英文：Go confidently in the direction of your dreams. Live the life you have imagined.

從夢想到目標

你有什麼夢想？

夢想發自內心，在瑣碎的日子中逐漸消磨。故而，只有極少數的人能夠真正地完成心裡的夢想。然而，夢想可以轉化成現實的驅動力，引領我們把自己的人生活得更有意義。

練習

四位你羨慕的人[2]

從你身邊的人當中，選出四位你最羨慕的人，畫出你羨慕他們的原因。這個練習的目的，在找出自己人生中，你覺得你沒有的東西。

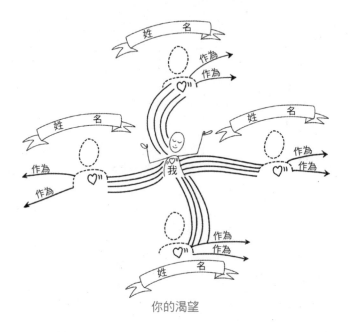

你的渴望

---

2. 摘自莫德・西蒙（Maud Simon），《做你喜歡的事！十二週找到自己的路，遇見自己的命運》（Fais ce qui'il te plaît!12 semaines pour trouver votre voie et rencontrer votre destin），InterEdition 2011年出版。

現今社會崇尚功利，總以成敗論英雄。但我們的夢想卻經常、而且多半是，帶有理想主義色彩。簡言之，現在的我們常常只求達成目標，卻忘了原先這麼做的初衷。只是，如果我們的動機缺乏意義，不合義理，制定下的目標也往往不易達成。

當然，我們不應該一直沉浸在飄渺的期待與冀望之中，我們的夢想應該是能帶領我們完成目標的終極指引。夢想應該擺在優先完成的位置上。里歐·巴波達（Leo Babauta）在自己的部落格「生活禪」裡，就建議人的一天要從實踐自己的夢想開始！

這自然也意味著要在家庭生活與工作時間之中尋找妥協與平衡。或許我們應該早點起床，或者晚點睡，多給自己一些時間朝夢想邁進！

夢想的殺手

有些行徑可能提前扼殺我們的夢想：

- 缺乏自信：妄自菲薄最容易導致我們的計畫在開始之前就無疾而終。
- 懶惰：怠惰之心大多是因為缺乏原動力。
- 負面情緒：這樣的情緒將使我們滿腦子只有計畫過程中可能面臨的關卡，一味放大即將遭遇的困難。這樣的情緒來源可能是你周遭的親朋好友，如果可以的話，遠離這些人，不要隨著他們淪入負面情緒的洪流之中！
- 害怕改變：一般而言，人們多抗拒改變。
- 缺少資金：這一點是讓我們裹足不前、無法繼續完成夢想的頭號殺手。

見賢思齊

想要改變人生，最簡單的方法就是，從已經做到了我們想要做的事的成功人士身上尋找啟發。請找出符合這個條件的四位典範人物，然後循著他們的腳步去做。

追尋典範的腳步

朗克斯・納拉延（Lux Narayan）歷時二十個月的時間，蒐集了《紐約時報》上刊登的兩千則訃告進行分析，希望能找出這些人的一生裡完成了哪些成就。這兩千名亡者——或者說這兩千個人生——讓他發現了什麼呢？他發現某些字眼經常反覆出現，例如電影、戲劇、舞蹈，當然還有藝術。然而，如今我們的社會，做父母的大多盼著自己的孩子能讀醫學院、念工程或商管。若從職涯的角度來分析，這兩千人多半在三十七歲的時候就有了一定的社會成就。此外，訃告裡也常常出現「做出貢獻」這個辭。換言之，這些已逝的人生經驗談給我們的第一個寶貴教訓，就是要問問自己：我們該如何運用自己的天賦來為社會做出貢獻？

出席自己的喪禮

想像一下你未來的喪禮會是什麼樣子。想像自己藏在喪禮禮堂的一個角落裡，觀看聆聽著一切！

你希望出席的親友如何評價你？你對他們給你的最後真實評價有什麼樣的感覺？

你的目標就是要想辦法縮小這兩個極端之間的差距。

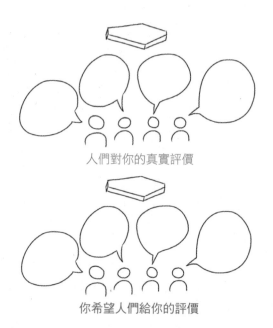

人們對你的真實評價

你希望人們給你的評價

參加未來的電視遊戲

想像自己飛到了未來，參加一個新形態的電視遊戲節目：製作單位將參賽者送到一座荒島，並且規定：

- 只能帶五樣的物品（書、影片等）
- 只能從事五樣的活動
- 只能表現出五種的情緒
- 只維持與五位親友的聯繫

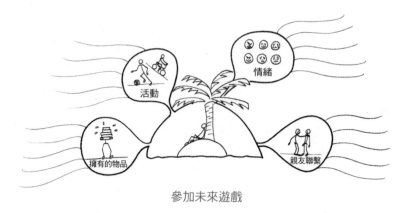

參加未來遊戲

史提夫‧賈伯斯經常反省自問，生命的意義何在？他把每一天都當成生命的最後一天來活，日日檢視自己的作為。

他說的兩段話就是明證：

「在最近的三十三年裡，每天清晨，我凝視鏡中的自己，心想：今天會不會是我此生的最後一天，我正在做的事是不是我想要做的事？如果一連幾天，答案都是否定的，那麼我知道我需要做些改變。」

「心裡抱持著隨時可能死去的警惕，是我所知道的，避免自己落入害怕失去某些東西的心理陷阱的最好方法。自此，你將身無罣礙。再也沒有任何理由可以阻擋你隨著自己的心走了。」

練習

找出你的志向

有些人很早就立定了自己一生的志向。有些則遲遲無法找到這份深藏心底的寶藏。想要找出自己的興趣，得先回答下面的問題，然後按照下方的範例，依樣畫出你的答案：

- 哪些領域最能顯現你的才幹？
- 有人曾經讚賞過你在某方面的成就嗎？
- 小時候的你曾有過什麼樣的夢想？
- 小學時，老師問你將來長大要做什麼時，你怎麼回答？
- 你的興趣圍繞在哪些方面？
- 你都讀些什麼樣的書？什麼樣的雜誌？喜歡看什麼樣的電影？

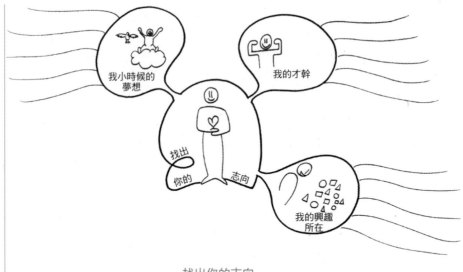

找出你的志向

練習

畫出你夢寐以求的美好生活

想像一下：有一位仙女，手拿魔法棒，大方地許你一個恩賜，讓你明天能過上你夢寐以求的美好生活。請透過下列問題的答案，畫出這完美的一天：

• 你醒來時，睜開雙眼最想看見什麼？
• 在這夢寐以求的美妙日子裡，你想做些什麼？
• 想與誰為伴？
• 想吃些什麼？
• 想穿什麼衣服？
• 你感覺怎麼樣？

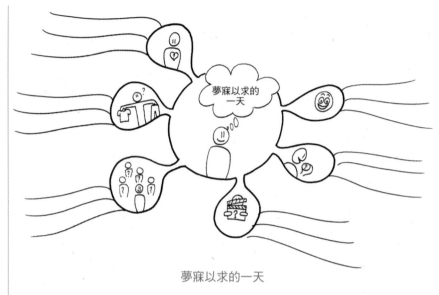

夢寐以求的一天

想要實現夢想，你首先要：相信自己。

你有哪些目標？

人生好比一場帆船旅程。如果你連自己要航向何處都不知道的話，風往
哪個方向吹，又有什麼關係呢！如果不想讓自己一生隨波逐流，我們一
定要清楚地制定出人生的目標。

成功地實現了這些人生目標後，或許我們就能領略到真正的快樂。

希臘羅馬時代的哲人，對於快樂，有兩種極端不同的看法：

• 享樂主義：享樂主義者認為想要獲得快樂，重點在於多方追求快感。

• 幸福論：推崇幸福的哲人，好比亞里斯多德認為快樂在某種層次上，
  就是要找出人生的意義。

到了我們這個時代，當代心理學家的研究顯示，快樂是上面兩者的綜合
體：人生的意義＋安逸舒適。

馬賽人[3]眼中的快樂是一個起點，而非目的地。也就是說，我們應該活在當下，及時行樂。

預見粉紅色人生

利用粉紅泡泡的技巧，完成一幅腦力激盪圖。粉紅色是我們的心與感情的代表色。

這道練習主要是要圈定我們的目標，讓我們能清楚地看到它們在紙上，然後個別撕開，最終將它們緊緊握在自己的手上。

放輕鬆，把自己的目標一一記錄在粉紅色的泡泡中。當然也可以在上面加些插圖，或剪下的書報雜誌畫片、圖文等，統統都可以黏貼進去。

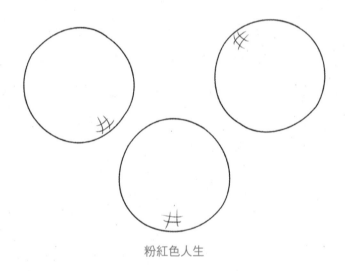

粉紅色人生

---

3. 馬賽人（Massais）：東非地區的游牧民族，至今仍堅持依循傳統的生活方式。

我從哪裡來，該往何處去

以編年的序列方式來決定自己未來想去哪裡，想做什麼，以及跟誰在一起：

• 一年後：　　　　　　• 三年後：　　　　　　• 六年後：

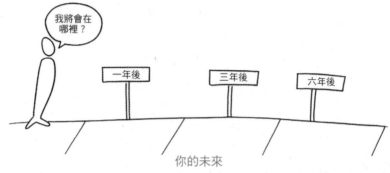

現在，再問自己一次同樣的問題，但時間換成了過去。你當時在哪裡，在做什麼，以及跟誰在一起：

• 一年前：　　　　　　• 三年前：　　　　　　• 六年前：

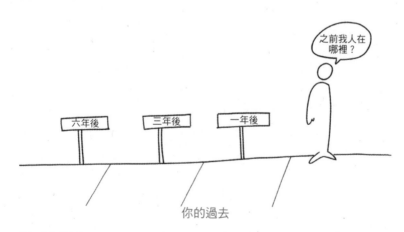

兩條時間軸排列對照著看，你有什麼樣的感受，又得出什麼樣的結論？

按照你現在的人生角色來安排目標

幸運的是人的一生並不是封閉的鐵板一塊。生命由好幾個面向組成，我們在各個面向裡各有不同的角色。舉例來說，私底下的我們，身分可能是父親、丈夫……而在職場上，我們可能是作家、記者……

依循不同的身分類別來安排目標，能幫助我們發現我們在哪些領域缺少了什麼，甚至挖掘出其他的隱而不顯的目標。

練習

透過腦力激盪（第68頁的練習）找到的目標

根據人生的各個面向（細分出你所扮演的角色），列出自己的目標：個人、家庭、社交圈、職場。仔細觀察你畫出來的組合圖，問問自己，你的人生是否面面俱到？

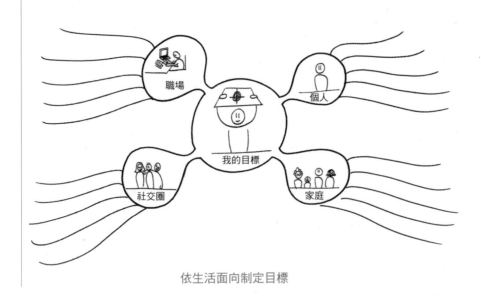

依生活面向制定目標

人生的各種面向就好比一顆顆的熱氣球。想像一下，這幾個大氣球帶著底下吊籃裡的你，逐漸升空，一路橫山越嶺、飛渡湖海……

如果你只有兩顆熱氣球，其中一個爆了，飛行高度必然會往下劇降。萬一另一個也破了，你只能等著墜地了。我們的人生就好比這樣一場熱氣球之旅，如果你只擁有少少的興趣與熱情，少少的人際關係，萬一其中的一個氣球不見了（例如離婚），你很可能就會啪地墜地，久久爬不起來。

擇定一個目標

想當然耳，我們可能無法一口氣完成你在腦力激盪練習中找到的所有目標，因此我們需要有所取捨。你的每一個人生面向，設定的目標數量，上限最好在三個以內，這會是比較合適的出發點。倘若一開始就列出一長串的目標，最後換來的往往是全數落空！檢視目標設定得是否恰當，首先要弄清楚這個目標對你有沒有意義，抑或說這個目標是否是外在壓力下的產物。舉例來說，你設定了要在六個月內減重十公斤的目標。想一想，這個目標是承自社交圈的壓力嗎？你自己覺得你現在這個樣子很好，很快樂嗎？

必須做的／我的選擇；
應該做的／我的決定

列出你生活中必須做的與應該做的所有事項。然後分別做出你的選擇與決定：

必須做的……應該做的

Chapter 5

從過去的經驗裡
尋找力量

> 「無法銘記過去教訓的人，注定重蹈覆轍。」
>
> 喬治・桑塔亞納[1]

過去能照亮現在，預示未來。我們要從自身的經驗中挖出成就今日的柱石，從過去經驗中得到的力量，不僅能提升自己的實力，更能補強自身的弱點。

以圖像呈現你的過往

人生短短稍縱即逝。除了過生日、紀念日時，我們通常不會放緩腳步回顧自己走過的人生歷程。然而，過去的軌跡裡隱藏著未來的先兆。

---

1. 喬治・桑塔亞納（George Santayana1863~1952）：西班牙裔美國哲學家，文學家。

我的人生來到了何處？

畫出一條時間橫軸線。以你的出生為起點，以死亡為結束，然後把你現在走到的位置點標示出來。你走到了什麼地方？離起點比較近，還是離結束比較近？

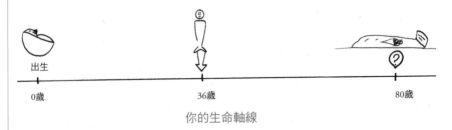

出生		
0歲	36歲	80歲

你的生命軸線

彼得・阿赫海特（Peter Ahlheit）與安東尼・紀登斯（Anthony Giddens）認為，我們每個人都得跟三種涇渭分明的時間象限打交道：
- 日常時間
- 生物時間
- 歷史時間

日常時間就是我們每天規律的生活節奏，這些日復一日的慣常是帶給我們安全感的基礎。

畫出你的日常時間

以一個星期為單位，畫一幅日常生活的圖像筆記。

	早上	下午
星期一		
星期二		
星期三		
星期四		
星期五		
星期六		
星期日		

生物時間如同字面所釋，概括了一個人的一生。

以編年方式勾勒人生

就像以前在學校裡做的一樣，以編年的方式勾勒出你的一生。標註出你從出生到現在的歷程，然後切割成各個不同時期[2]。

你的個人編年史：看你的了！

回顧過去的一年

回想過去的一整年，然後以圖像筆記的方式畫出下列問題的答案：

- 你學會了哪三樣東西？
- 你遭遇了哪三種困境？你如何走出來？
- 你今年想做哪三件事？
- 今年你想停掉哪三件事？

---

2. 讀者可以借鏡克莉絲丁‧梅克莉（Christine Merkley）放在Flickr上的編年史圖。

回顧過去的一年：看你的了！

回顧過去的時間圖像筆記，就是你當時身周世界的縮影。我們的時代是一連串事物的快節奏總合：無論是技術演進、生活節奏與社交變遷都進行得非常快速。

技術的快速提升影響我們最劇。現代交通運輸的發達，大幅縮短了彼此的距離。從里爾市到巴黎搭子彈列車只要一個小時。大體而言，科技的進步大幅減少了時間的浪費。

然而，就如同伊利希[3]所言，現代化有時候反而會讓人變得沒有生產力。交通運輸就是最好的例子：「美國人平均每年要耗費一千六百個小時在車上。無論車是靜止不動，或是在路上奔馳，無論你是在停車，

---

3. 伊萬‧伊利希（Ivan Illich:1926~2002）：奧地利哲學家。

或是在尋找停車位，人都得在車裡頭坐著。人們努力工作，支付汽車頭期款，然後是每個月的車貸、汽油、過路費、汽車保險、牌照燃料稅和違規發單。人們每天清醒的十六個小時裡，就有四個小時是耗在車上[4]。」

因此，若換算成實際的行進速度，我們平均每小時只移動六公里而已。這樣的速度與在一個交通基礎建設落後的國家，人民單靠雙腳走路或踩兩輪車的移動平均速度幾乎是一模一樣，然而，這些國家的人民每日花費的交通時間卻只占他們平常社交時間的3%到8%[5]。

技術的日新月異同時也表示了傳輸速度與資料生產速度的提升。我們愈來愈覺得自己快要被來自各種管道的資訊給淹沒了：通訊軟體、社交網路。我們的電子信箱裡滿滿的未讀郵件，人人每天像是被綁架似的被迫要連上臉書……魁北克人創造了一個非常精確的字來形容這種資訊爆炸的現象：「資訊肥胖症」（infobésité），由「資訊」（information）和「肥胖症（obséité）」組合而成。

技術帶來的時間紅利在競相創造成長的忙碌中消磨殆盡。因此，人們日常時間要乘載的負擔變得更重。羅莎[6]（R. Harmut）指出，為了完成表定時間內的目標，現代人多半循著兩大策略往前衝：

• 提升行動速度。同樣的事，想辦法用更少的時間來完成。例如，做飯的時間就變得愈來愈短。

• 在同一時間內完成好幾件任務：所謂的同時多工。

社會變遷的速率也跟著加快。人們生活的各個面向無一不面臨到愈來愈快的變化。終身堅守一職已然是近似烏托邦的幻想，而工作不是被切成

4. 伊萬·伊利希（Iwan Illich），〈對現代世界的極端批判／瑪丁妮·傅尼葉發表於：《人文科學》〉（La critique radicale du monde moderne／Martine Fournier in：（Science Humaines））。
5. 黎馬斯基（C. Rymarski），〈快點慢下來〉（Ralentir et vite），《人文科學》（Science Humaines）。
6. 羅莎·哈特莫（R. Hartmut），《快速，對時間的社會批判》（Accélération, Une critique sociale du temps）。

每年一聘的約聘形態，實習工作更是比比皆是。而在感情生活方面，伴侶是一個接一個地換。科技突破影響了我們的日常，甚至深深地改變了我們的生活方式。

這些加速改變（科技進步、生活節奏、社會變遷）所帶來的影響，加總之下，給人一種時間加快流逝的錯覺。手錶的指針似乎加入了一場對抗時間的瘋狂賽跑。

這種生活上全面性的加速現象，讓人們處在一個無法安定的世界裡。

練習

你對當代的時間觀有什麼看法？

把你對這個時代的時間觀的看法，以圖像筆記表現出來。有哪些社交方面的創新，科技方面的創新……深深地影響了你所處的這個時代？

你對當代時間觀的看法：看你的了！

哪些書／電影改變了你的一生？

列出六本改變了你一生的書或電影，在時間橫軸線上，分別依照下列的三個時期，依序標註出來：

- 童年時期
- 青少年時期
- 成年期

仔細思考這些書或電影怎樣改變了你？

哪些書和電影改變了你的一生？

面對著一個愈來愈快的世界，有些人開始想要找回自己對時間的主導權。他們發展出慢活（slow）的概念，慢活的風潮逐漸滲入社會各個層面（例如慢食、緩慢管理）。法蘭西許・朵梅內克（Francesch Domènech）[7]從這些不同的慢活領域裡看到了一些共同之處：

- 尋找正確的時間觀：時間觀絕對不是放諸天下皆準的單一概念。每個人都應該依循著自己的生活節奏，讓自己的時間符合自己的需求。
- 首重品質：各項任務應該專注在完成的品質之上，而非完成任務花費

---

7. 朵梅內克（F. Domènech），《禮讚慢活教育》（Éloge de l'éducation lente），Silence／Chronique sociale出版。

的時間長短。

- 把時間還給個人：應該視個人的需求，來安排給予人們實質的硬體空間，與抽象的社交空間。
- 工作的當下努力工作，以過去的經驗為基礎發射站，循著瞄準線，飛向未來。

不要沉湎於過去的榮光，而是要從過去的經驗中學習，讓自己變得更沉穩，更有耐心。慢食就是個典型的標竿範例。相較於這些年的速食風潮，慢食的擁護者鼓吹大眾從祖輩的生活方式裡尋找靈感，培養耐性，放鬆悠閒地好好吃一頓飯，當然吃的最好是本地生產、新鮮直送的食物。

練習

成為慢活的追隨者

如何將慢活的概念應用於日常呢？請用圖像筆記呈現出來！

如何成為慢活的追隨者？看你的了！

人生起伏

人的一生充滿了高低起伏，其實這樣的懸宕起伏才是人生的調味劑。若沒有了低潮，如何能襯托出成功的美好。想清楚了這一點，對自己的未來就能保有信心。

練習

人生的高峰與低谷

回想一下自己這一生，列出五次你覺得人生登上高峰，五次人生跌落谷底的時刻，並以連綿山岳圖來呈現：

• 在山頂處，記下你覺得自己的表現臻至顛峰的時刻。
• 在山頂的空白地方，畫出這些成功時刻。
• 在山坳的空白地方，寫下你覺得自己跌落谷底的緣由與時刻。

人生的高峰與低谷

我們的生命裡充滿著無法預測的驚險，甚至有些是無法超越的障礙。這些是人生的震盪轉折點，也就是所謂的黑天鵝。

歐洲人在發現澳洲大陸之前，他們囿於自身以往的經驗，一直以為世上的天鵝都是白的。在資訊不完全的狀態下，人們這樣的認定最後往往都被證明是錯的。從此，黑天鵝成了不可測知事件的代名詞。納西姆·尼可拉斯·塔雷伯[8]在他的書裡《黑天鵝效應，無法測知的力量》（Le Cygne noir, la puissance de l'imprévisible），圍繞著這些無法預測的特殊時刻，發展出了

---

8. 納西姆·尼可拉斯·塔雷伯（Nassim Nicolas Taleb 1960~）：黎巴嫩裔美國哲學家。

一套理論。他以農家日日餵養火雞，只為供應聖誕節或感恩節餐桌上的烤火雞大餐為例。從火雞的觀點來看，牠以為自己這一生就這樣每天被餵得飽飽的，直到老死，所以「宰殺的」行刑日就是牠這一生當中的黑天鵝。

練習

你人生中的黑天鵝？

以圖像筆記呈現那些把你的人生攪得天翻地覆的事件：或許是你全心投入的事業，又或許是你跟你的事業合夥人相遇的那一天……

你人生中的黑天鵝

練習

不要再找藉口了！

目標沒有達成時，你最常用什麼藉口來替自己開脫？人們總能找出很好的藉口來原諒自己的失敗：例如時間太趕，缺乏資金……那麼，你呢？你最常掛在嘴邊的藉口是什麼？請用禁止通行的交通號誌來呈現這些藉口，畫出你的圖像筆記。

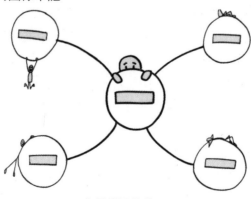

你最常用的藉口

六○年代，史丹佛大學心理學教授華特‧米斯歇爾（Walter Mischel）曾做過一種實驗，結果顯示有些人能夠抵擋得了眼前的立即報酬誘惑，有些則否，這項研究有助於進一步了解人的心智思考過程。這個實驗的進行步驟相當簡單。

測試者給一個孩童一個選擇題：測試者將離開一段時間，若他能安靜地等待測試者回來，那他就能得到兩顆軟糖，若不想等了，也可隨時敲響小鈴鐺，這樣的話，測試者就會馬上回來，但他只能得到一顆軟糖。結果顯示大多數的小孩無法抗拒立即的誘惑！之後，華特‧米斯歇爾開始鑽研受試孩子的個性。他發現那些能抗拒立即誘惑的孩子，一般而言，日後都獲得了比較好的成就。

日常生活中，我們也同樣需要做出一些選擇，例如克制自己不要一時衝動買下一些沒有用的東西，這樣一來，每個禮拜就可能省下一千多元，幾年下來，就是一筆可觀的數目。

回想過去的輝煌事蹟

人的一生當中，多少都有一些或大或小的事蹟。然而，我們常常忽略了它們的存在，一心只往挫敗的牛角尖裡鑽。

回想自己一生曾經有過什麼樣的事蹟是很重要的。事實上，這些事蹟可以讓你重拾信心，進而激勵你去達成人生目標。

過去的輝煌事蹟

列出三項過去的輝煌事蹟。想想你動員了什麼樣的資源，花費了多少心力才得以完成。用圖像筆記呈現出來。

過去的輝煌事蹟

然而，記得，千萬不能停留在過去的榮耀裡。你若完成了一項目標，盡可以去大肆慶祝一番，然後記住一定要持續往前進！

永遠保有企圖心

我們的企圖心是以來回循環的方式運行的。你無法永遠將企圖心維持在高處不墜。你要有心理準備，企圖心也會定時地往下滑。

有一個維持高昂企圖心的好方法，那就是將工作分量劃分成你可以分別消化的等分。把一項計畫分割成幾個小型的工作任務，就好像是把一大塊肉切割成一小塊一小塊，這樣才容易吞嚥消化吸收。同樣地，我們也可以規定一個任務必須在一定的時限內完成（例如，一個小時），然後換另一個任務上場。

Chapter 6

了解現在的你

人們只能活在當下。所以，此時此刻才是我們的出發點。想要真正地知道
自己想往何處去，必須先了解此時此刻的自己，也就是如今的出發點。
最理想的自我剖析，當然要將各個不同的生活領域都納入考量，像是：
• 個人
• 家庭
• 職場
• 社交圈（朋友、人際關係……）

我們是誰？

我們擁有的東西也是我們的一部分

人類想擁有財產的渴望是與生俱來的本能。只是，這樣的本能會因為成
長文化背景的不同，而出現差異。也就是說，生長在崇尚個人主義文化
背景下的人，想要擁有財產的本能自然是更加地根深蒂固。
美國心理學學者威廉・詹姆斯（William James）就認為，人擁有的東西
能突顯其身分。

「根據他的說法，一個人的自我是『他的』身體、『他的』衣著、『他的』房子、『他的』妻子、他的孩子、他的先祖、他的朋友、他的名聲、他的工作、他的銀行帳戶……加總得出的總和[1]。」

練習

什麼東西是屬於你的？

畫出你擁有的，能定義出你這個人的財產。

我們擁有的財產能反映出我們的喜好。人們通常會挑選一些能夠與自身具有的優勢（又或者希望自己能擁有的優勢）相匹配的東西。例如，有些人

---

1. 英國心理學家布魯斯・胡德（Bruce Hood），《大腦與心理期刊》（Cerveau et psycho）。

會買書，卻從來不讀書，只是將這些書視若珍寶地擺在書房的架上。

哪些財產能反映出你的優勢？

將那些你擁有的，能夠反映出你的優勢的資產，以圖像筆記的方式呈現出來。

人們傾向於將自己手上擁有的資產價值看得比他人的更高。這樣的偏見在行為心理學上很常見，學理上稱之為「稟賦效應」（éffet de dotation），也就是敝帚自珍的心理。心理學專家丹尼爾・康納曼[2]與他在普林斯頓大學的同僚對這種現象的解析尤為精闢。他們進行了一個實驗，贈送一些印有大學標誌的杯子給學生當作紀念，杯子價值六歐元。

---

2. 丹尼爾・康納曼（Daniel Kahnerman）：以色列裔美國心理學家，2002年獲得諾貝爾經濟學獎。

他讓這些學生自由互相買賣。結果顯示：幾乎沒有學生把杯子賣掉。也就是說，賣家認為他們的杯子價值比別人的更高（雖然別人的杯子也長得一模一樣）。學生們都覺得自己的杯子能賣出高價，然而卻想盡辦法講價殺價去購買其他學生的杯子。

稟賦效應也存在於其他的靈長類動物中。有人在猴群進行了類似的實驗，猴子之間也有稟賦效應的行為，但這樣的效應僅限於食物上。

稟賦效應其實源自於個人憎恨東西被剝奪的厭惡感。雖然明明是同等價值的東西，人們對於失去的東西，往往看得比擁有的東西更重要！

練習

你願意失去什麼？

為了達成目標，你願意失去，或者說拋棄什麼呢？用圖像筆記的方式呈現出來吧。

你是否為現在的你，
與你擁有的一切心存感激

對擁有的一切心存感激是開啟美好人生的基礎，同時也能激勵我們正向思考。

心智圖是一種能讓思緒想法變得有條理、有組織的方法。一九七〇年代由英國心理學家湯尼‧布贊（Tony Busan）所發明。布贊創造的心智圖往後又衍生出多種不同的心智圖。

* 這樣的地圖要怎麼畫？首先拿一張白紙，攤開，將紙張橫放。在紙張的正中央寫下這張圖的主題，畫個圓圈將它圈住。從中央圓往外畫一些放射線，在線條上寫出所有與主題相關的想法。除此之外，心智圖主要的構成要素還有什麼呢？

* 一張心智圖需具備下列要素：
  – 顏色：心智圖上的顏色有多樣的功能：讓自己與自己的情感對話；區分各類不同的點子。
  – 圖像：畫圖也是一個能與自己內心情感對話的好方法。更能將資訊濃縮，具體地呈現出來。
  – 關鍵字：心智圖上不要冗長的句子，改用關鍵字替代。每一根放射線上都標有關鍵字。

完成一幅感恩心智圖

想想生命中什麼最能讓你感到快樂，什麼會讓你滿懷感恩之情。那麼，我們就來完成一張感恩的心智圖吧，畫出你現在的生命中，讓你感激的一切事物。首先在紙張中央畫一個圓。圓內寫下「我的感恩圖」字樣。接著，在這個中央圓的四周寫下讓你感激的事物。

隨後，重新組織你畫出來的心智圖。定下分類的準則，同類型的事物用一個雲朵框圈在一起。如此一來，就能清楚地看出你的人生中，哪個領域讓你感到最快樂。

好比是：

* 健康狀況
* 經濟狀況
* 家庭狀況
* 精神境界

定期檢視這張圖，隨時更新。

感恩圖範例

感恩圖：看你的了！

你的價值觀是什麼？

價值觀是你思考與行動的指引。想清楚你有什麼樣的價值觀，能讓你的行為與自己的價值、夢想與目標更加協調。有些價值觀可能是父母親，或社會環境加諸於我們身上的，這些價值觀常常在不知不覺中主宰我們的行為。

練習

認清自己的價值觀

價值觀的塑造常受到下列背景環境的影響：

- 個人背景（例如，誠信）
- 經濟環境（例如，資產）
- 政治環境（例如，民主）
- 精神層次的背景（例如，信念……）

認清自己的價值觀，按照不同的背景環境，用圖畫呈現出你的價值觀。再加註一些文字，簡略說明這些價值觀是如何在你的日常生活裡發揮作用。

價值觀徽章

來做一幅個人的價值觀徽章吧。這樣一來,你就能清楚地看出你的價值觀為何,並具體地實踐它。

我的座右銘

我的價值 我的靈感

我的資源,強項 我的象徵

我的任務:
我要往哪裡去

徽章觀價值

順應當下現況

在創造成功人生的路程上,我們經常一頭熱地認定自己就該像個建築工人一樣,披荊斬棘地一路開拓建設,以至於目標設定之後,我們往往會魯莽地往前衝,不計任何後果,最終步入歧途。有鑑於此,我們不如把自己定位成園丁。也就是說,我們在種下一粒種子時,必須考慮、順應許多我們無法掌控的因子(例如氣象、植物的生長速度等……)。身為園丁的你,只能時時留意當下的狀況,不停地調整自己適應現況。

94

園丁

就在這裡，就是現在，你有什麼感覺？

請用圖像筆記來呈現你的感受。

生命的巨輪不停地轉動，人這一生存在著多種可能

辛蒂‧耶斯的部落格Nomadity[3]上，有一道非常有趣的，有關個人成長的練習題：假設你能擁有另外四條命，這多出來的四個人生，你會想成為什麼樣的人？歌星？演員？醫生？化學家？還是，超級英雄？請詳細地描繪這四種人生。然後，在這四種人生當中選出一個，並在往後的一個星期裡，盡力完成一項與這種人生有關的活動。舉例來說，假設你選擇想成為西部牛仔，那就預約一次騎馬體驗。

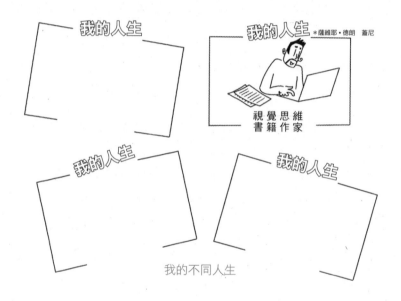

我的不同人生

我滿意自己的工作嗎？

影響工作滿意度的因素，主要有三[4]：賺多少錢，做哪些事，還有與誰共事？這三大關鍵（薪資、工作內容、人際關係）無疑就像是一個鐵三角。

---

3. 辛蒂‧耶斯（Cindy Theys），〈如果你有五條命，你想做什麼？〉（Si vous aviez 5 autres vies, que feriez-vous？）。
4. 梅蘭妮‧皮諾拉（Mélanie Pinola），《快樂鐵三角算出你對工作的滿意度》（The Triangle of Happiness Calculates How Happy You Are With Your Job）。

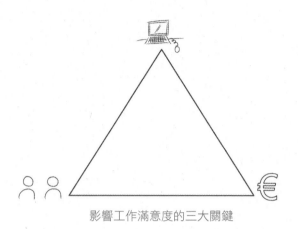

影響工作滿意度的三大關鍵

練習

滿意度評量

針對這三大影響要素逐一給分，滿分為四分，最低一分。將三個分數加總，再除以十二，得出的數字就是你對自己工作的滿意度。

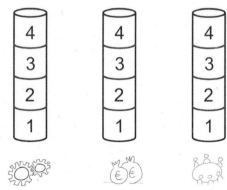

工作滿意度評量

人們經常問自己：做這個工作的意義何在？我們可以運用日本人「生之意義」（Ikigai）的概念，來尋找解答。

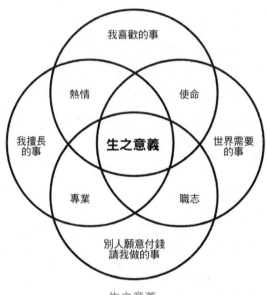

我喜歡的事

熱情　　　　使命

我擅長
的事　　　**生之意義**　　　世界需要
的事

專業　　　　職志

別人願意付錢
請我做的事

生之意義

依照生之意義的概念，
找出自己的人生道路

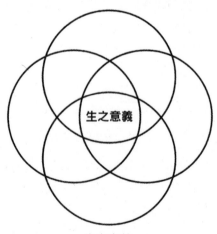

生之意義

生之意義

預先設想數種方案：

漫長的職場生涯絕不可能無風無浪，反而常常是激流暗潮起伏不定。若想避開最壞的情況，我們不僅需要預先規劃好一個主要的人生方案，而且最好先設想好幾條備案。職場社交服務平台Linkedin（領英）的聯合創辦人，雷德‧霍夫曼（Reid Hoffman）在他的書《把職場生涯當成新創公司管理》（Ménagez votre carrière comme une start-up）裡就提供了一個符合這個框架的職涯方案規劃：

• A方案：你現在從事的工作。

• B方案：騎驢找馬，有迴旋餘地的規劃。萬一B 方案失敗，你可重新回歸A方案。

• Z方案：萬一B與A方案都失敗時的備用方案。Z方案等同於一張安全網。

練習

你的ABZ職涯方案[5]

看你的了！規劃出屬於你的ABZ職涯方案。

• A 方案：..
• B 方案：..
• Z 方案：..

5. 恰克‧弗雷伊（Chuck Frey），〈如何創造ABZ職涯方案的心智圖〉（How to create an ABZ career plan mind map），《心智圖運用雜誌》（Using Mind Maps Magazine）。

PART 3
如何畫出你的選擇？

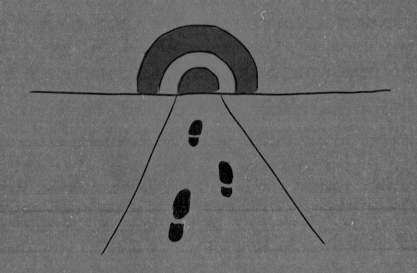

在這部分，我們將使用一款非常知名的學習工具，GROW 模式。英文的「grow」是「成長、壯大」之意。

但這四個字母同時也是下列幾個單字的藏頭文：
· Goal：確定目標
· Reality：認清現實
· Option：方案選項
· Work：努力實踐

GROW 模式能幫助我們將想法化為行動。首先，當然要定下目標，然後考量現實狀況，衡量各種不同的方案選項，最後採取一切必要的行動，努力達成目標。

Chapter 7

將目標畫成圖像

> 「只要是你想得到且深信自己能夠做到的事，你就能做到。」
> 拿破崙‧希爾[1]

人們常把自己的想法埋在心底。而且，大多數的時候，就算腦子有靈光乍現，往往也是轉瞬消逝無蹤。把你的點子從腦海裡拉出來，攤開，放在紙上，這樣你才有機會具體地實踐它。也就是說，想辦法讓你的發想與點子彼此產生互動，相互連結，最後才能化為實際行動。我們在本書的第四章裡展開了一場腦力的激盪與碰撞，現在該是讓我們從成堆的目標選項中看清楚自己最想要的是什麼，該是做抉擇的時候了。讓我們從上面探討的四種人生中選出一個自己最想要的終極目標吧。

畫出目標的願景

畫出願景，其實就是要把你的目標變得有血有肉，不再只是單純抽象的模糊概念。用圖像來呈現目標，不需要高超的繪畫技巧。相反地，笨拙的手法反而能讓我們用最質樸最簡單，甚至接近童稚赤子的筆法，把目標內容描繪出來。在這個階段，我們的重點要放在描繪目標的願景。願

---

1. 拿破崙‧希爾（Napoleon Hill 1883~1970）：美國勵志作家。

景並不一定吻合傳統上一個好目標的需求標準。所以，下面我們將學習如何把願景的內容加以濃縮精練，塑造成一個具體可行的目標。

選定自己的目標

首先，拿一張紙，白紙黑字，大大地寫出你的目標。然後，用圖像筆記的方式將它呈現出來。

畫出你的目標

舉例來說，假設你想成為一位人力培訓師。

畫出「成為人力培訓師」這個目標

接著，讓我們稍微放膽地發揮想像力：假設世上沒有什麼是不可能的。

練習

遇見仙女

現在，讓我們發揮一下想像力，想像你遇見了一位仙女。她慷慨地把魔法棒借給你，好心地要幫你實現一個願望。

然後，以你制定好的目標為出發點，想想看，你最希望現在能夠獲得什麼東西？把它記下來，然後，畫出來。

好比說我想要一粒仙丹，吃下它我就能夠牢牢記住這一生中學過的所有東西。

遇見仙女

再把你的目標轉化，用一種比喻來形容，採用比喻法的目的在於讓你更容易踏出行動的第一步。這個比喻會在不知不覺中（幾乎都是在不知不覺的狀態下）逐漸在我們的日常生活中生根繁衍。找到了貼切的比喻，就能將自己選定的目標種子，種進心田並逐漸成長茁壯，換言之，它將成為指引你完成目標的明燈。

我們能利用一種名為乾淨語言（clean language）的技巧，來找出一個最利於你完成目標的比喻。

什麼是乾淨語言？

乾淨語言法是紐西蘭心理治療師大衛・葛羅夫（David Grove）發明的一種探尋內心的方法，透過所謂的鏡像提問讓藏於內心的比喻（也許不只一個）現蹤。

練習

貼合你目標的比喻

現在，請問你自己一個問題：「我的目標就好比什麼呢？」請先用文字寫下來，再畫出來。

例如，想要成為人力培訓師，就好比在蜿蜒崎嶇的山路上騎單車，高山陡峭，陽光毒辣。

成為人力培訓師就好比在蜿蜒崎嶇的山路上騎單車

反覆用一些與時間相關的問題，來強化這個比喻在你心裡的印象：

在這之前，發生了什麼事，再早之前呢，更早之前呢？

在這之後，發生了什麼事，後來呢，又更後來之後呢？

舉例說明如下：

- 問題：單車騎士上了崎嶇的山路之後，發生了什麼事？

  回答：他下車改用走的。

- 問題：在此之前呢？

  回答：他在整理裝備，準備出發，穿上車衣，戴上安全帽。

- 問題：更早之前呢？

  回答：他在家裡悠悠哉哉地看電視。

- 問題：他跨上腳踏車之後，發生了什麼事？

  回答：他奮力地踩，因為山路很陡。事實上，橫亙在他面前的是一座高山。

- 問題：後來怎麼樣了？

  回答：他很艱難地騎上了山，中途停下來休息了好幾次。

- 問題：再後來呢？

  回答：他明顯地感受到太陽毒辣，覺得熱得要命。

- 問題：後來怎樣了？

  回答：太陽下山了，天氣涼爽了許多，但我也被迫[2]停止趕路，只能等待明天太陽升起再上路。

無目標的生活[3]

大力提倡簡簡單單過日子的里歐・巴波達，不建議大家非得要找到什麼生活的目標。他花了大半輩子的時間，尋找然後制定出生活的目標，最終得到了一個結論，這些目標最後多半是以不了了之收場，既然如此，何苦耗費心力時間去制定什麼人生

---

2. 這樣的問答對談，談話者要用第三人稱「他」來突顯超然中立的態度。一直到最後，才改用第一人稱「我」，指明騎單車的人就是那個他。

3. 里歐・巴波達（Leo Babauta），〈毋需目標〉（No goal）。

目標呢，倒不如恣意地揮灑個人創造力，開發自己的潛能，也許更能活出新天地。

以字母畫檢視目標

字母畫技巧是薇拉・勃肯比爾[4]開發的一種記憶模式。逐一檢視一個中心起源字彙的拼寫字母，用文字或圖畫描繪出你看到這些字母時，腦海閃過的第一個想法或畫面。接著，試著找出這些想法或畫面與你選定的目標之間有何關係。

好比說，你的目標是：「成為人力培訓師（Formateur）[5]」。請把Formateur（人力培訓師）這個字的拼寫字母，以大寫的方式寫在紙張的正中央，然後將你看到這些字母時，腦中浮現的第一個念頭寫下來。當然，也不是每個字母都必得來上一段文字描述，或是畫出一幅相呼應的圖畫。就拿我們舉的這個例子來說，構成這個字的字母「T」會讓人聯想到「時間」（temps）。但時間跟你的目標又有什麼關聯呢？你可以說：受訓成為人力培訓師需要時間。首先，你自己要先接受培訓課程，往後更需要時間來找學員等等……一般而言，從事人力培訓師這一行，也需要時間來逐步修定培訓課程的內容，好讓課程更活潑生動。這一點很重要，因為這是一個需要實際與學員面對面的課程。「F」則可能讓人聯想到「基礎」（fondamental），或在腦海出現地基柱石的畫面。某些培訓課程可能需要學員定期回來複習，溫故知新，這些課程很可能會是你未來業務的基石。

---

4. 薇拉・勃肯比爾（Vera Birkenbihl 1946~2011）：德國心理學家。
5. 作者為法國人，故108頁單字皆以法文舉例說明。

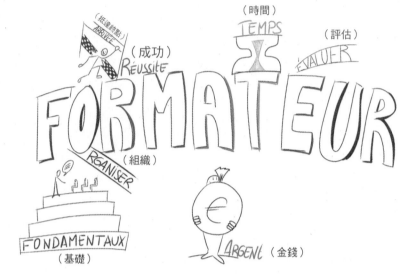

目標人力培訓師（Formateur）的字母畫

將文字圖像化，能有效地引導大腦朝著你的目標方向去思考。而想要在腦海裡塑造出足夠強大的畫面，就得借助視覺圖像記憶法。

圖像要能讓人記憶深刻，通常需符合下面的標準：

- 動態：人們比較容易記住動態圖案。相較於一幅靜物，不如在腦裡來上一齣震撼小短片。
- 感官饗宴：提供大腦五種感官的多重體驗，腦海的圖像最好能同時帶有氣味、聲音等效果。
- 誇張效果：例如，一隻三公尺高的小雞。
- 3D立體呈現：表現出畫面的深淺層次，記住我們所在的這個世界是立體的。
- 詼諧有趣：幽默感是強化大腦記憶的最佳法門。

舉例來說，假設你的目標是成為人力培訓師，請在腦海裡想像自己站在講台上，面對著台下無數專心聽講的學員授課的畫面；一天的課程結束

後，學員們鼓掌致謝。你在腦海裡聽見了無數雙手奮力鼓掌的掌聲。

請將你成功完成了目標，與在途中克服消除的層層阻礙的想像過程，一一化為畫面，這樣做可以幫助我們不落入常見的怠惰陷阱之中[6]。這種兩階段式的方法在心理學上稱之為「心智對比」。

練習　　　　　　　**透視目標與阻礙**

在腦海裡創造兩組畫面：
- 成功完成目標的畫面
- 逐一克服途中阻礙的畫面

明智的（Smart）目標

在這個階段，你的目標很可能仍然不夠明確，腦裡的畫面還是偏向於願景。為了提升目標達成的機率，我們必須把目標形塑得更精確具體。此時，SMART法無疑是一個非常好用的工具。SMART法原是埃德溫‧洛克博士[7]設計來激勵員工士氣的方法。而英文的smart正巧是「明智」的意思。那麼，就讓我們來把自己的目標變得更明智一些吧！

SMART的每一個拼寫字母都代表著一個明智的目標所需具備的要素。也就是說，一個目標必須是：

- 明確的（Specific）
- 可衡量的（Measurable）
- 可達成的（Achievable）
- 合乎現實的（Realistic）
- 有時限的（Time-bound）

---

6. 克拉蔻沃斯基（M. Krakovsky），〈自我提升的訣竅〉（The secrets of self-improvement），《科學美國人：頭腦》（Scientific American Mind）。
7. 埃德溫‧洛克（Edwin Locke）：美國心理學家，是目標設定理論的先驅。

目標必須明確

我們制定的目標必須清楚明白，就像旅行要前往哪個目的地一樣地明確。我們必須知道我們要去哪裡。倘若目標過於籠統，我們當然也無法確定接下來要採取什麼樣的具體行動。要想制定出一個明確的目標，首先要回答下列問題，即5W2H問題：

• 誰？（Who）
  – 這是誰的目標？
  – 這個目標是誰發起的？
  – 這個目標會影響到誰？

• 什麼？（What）
  – 目標的內容是什麼？
  – 你想做到什麼程度？

• 怎麼做？（How）
  – 要達成這個目標，該採取什麼樣的手段？

• 為什麼？（Why）
  – 為什麼想要完成這個目標？一定要問上五遍為什麼，這樣才能找出深藏在你心底的緣由。

• 哪裡？（Where）
  – 要在哪裡實踐這個目標？

• 什麼時間？（When）
  – 要在什麼時間內完成這個目標？

5W2H問題

用圖像來描繪你的目標。這一次,為了讓目標更明確,請依序回答5W2H問題。

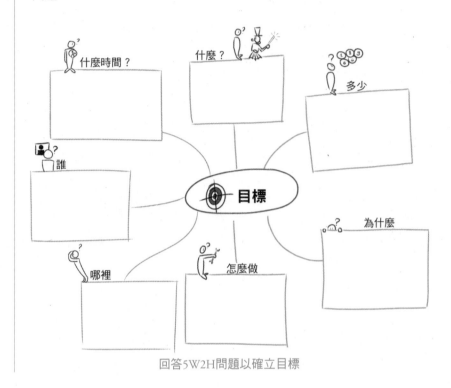

回答5W2H問題以確立目標

必須能衡量目標的進度

一定要有方法來評量目標實行的進度。因此,我們需要設定一些指標性參數。

要設定一些指標性的里程碑,這樣我們才能評斷計畫的進度,無論在什麼時候,我們都能清楚知道自己走到了哪裡。請回答下面這個問題:「怎樣才能知道我已經達成目標了呢?」

必須是能達成的目標

我們制定的目標必須是「能夠達成的」。

練習

你的目標是可以實現的嗎？

如何決定自己的目標是可以實現的呢？請回答下列的問題：

• 這個目標會遭遇到什麼樣來自內部與外界的阻礙？
• 在你之前是否曾有別人完成了這樣的目標？
• 這個目標是否已經成熟？
• 完成目標的必備條件是否皆已到位？你個人是否已經準備好了？

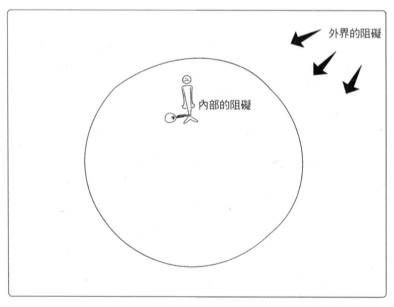

來自內部與外界的阻礙

目標必須合乎現實

我們的目標必須切乎實際，絕不是天馬行空的妄想。所以，請務必仔細思索下面的問題：

- 你是否曾經完成過類似的目標？
- 你是否擁有達成目標所需要的足夠資源？
- 這個目標真的有可能做得到？

必須設下完成的期限

你的目標一定要設定完成期限。你能想像一場沒有時間限制的職業足球賽嗎？當然無法想像……我們的目標也一樣。為此，目標一定要設定開始日期，以及結束日期。在考慮期限的長短時，務必要將自己的能力大小納入考量，這樣才是真正地切乎實際。

請思考下面的問題：

- 你在什麼時候能確知目標已經達成？
- 你設定的目標完成期限是否合乎實際？
- 你的目標是否設下了強制結束期限？
- 怎麼做才能鞭策你加速完成目標？

想要加速完成目標，下列幾個方法可供參考：

- 從中挖掘利益：你的目標必須能給你個人帶來利益。如果你的目標是別人制定的，你也要盡可能地在實踐目標的過程中找出自己的利益所在，這樣你才能保有驅動力。此外，也不要為了盡快完成目標而犧牲了生活中你能享有的小確幸。倘若不給自己一些時候放鬆抒壓，時間一久，驅使你前進的動力將無可避免地逐漸流失。
- 把目標寫下來，讓自己全心投入：白紙黑字地把目標寫出來，就像是對自己許下承諾，與自己立下契約一樣。時日長了，偶爾拿出來看看，也能激勵自己，提高目標達成的機會。另外，最好以積極正向的字彙來描述你的目標，明白地表達出你想要什麼，而不要只說你不想

要什麼。

- 明訂出報酬：寫出在目標完成之後，你能得到什麼樣的報酬，來犒賞自己一路來的辛苦。報酬由你自己來訂：獎金？一本書？一趟旅行？報酬的多寡自然要視目標完成的困難度而定。

- 跟周遭的人討論自己的目標：目標不要埋藏在心底。去跟親朋好友聊一聊，相互討論，讓周遭的人也有參與感。這樣一來，鞭策你達成目標的動力會更強大。有時候，別人也可能會主動提供協助，記得不要拒人於千里之外！

- 千萬不要硬抱著一個目標不放：人生不是我們能百分之百掌控的。因此，目標絕不會永恆不變。反而要隨時保持彈性，根據路途上遭遇到的新狀況（參數）來進行調整。儘管如此，切記不可三心二意。同一時間內，不要設定太多的目標。

- 瞄準月亮，縱使未達，也能置身群星之中：一般而言，困難的目標總是最具挑戰性。萬一你的目標真的困難度非常高，你可以把它分割成幾個小目標，採取個個擊破的方針。

走出舒適圈

想要達成目標，意味著你必須離開自己的舒適圈。

戒除怠惰拖拉

明日復明日，終究只會陷入明日何其多的惡性循環，最後扼殺了目標。設定明確的行動進度，不敷衍拖延，這樣才是擺脫怠惰心態、堅定自己心志朝目標邁進的最佳方法。

三心兩意容易卡關

人的一生之中，大大小小的抉擇不知凡幾。我們幾乎時時刻刻都在做決定：穿藍襯衫好，還是黑襯衫好？吃沙拉呢，還是吃漢堡？

現代化的生活讓人的日常變得更繁瑣。要做的抉擇與決定也就更多了。下一章，我們將探討如何列出各種不同的選項，盡可能地做出明智的決定。

克服恐懼

人們總是害怕失敗。當我們決定全力去完成某個目標的時候，必然是假設我們有能力做到，所以請告訴自己：就算這一次，情況不同，我也一定能成功！

擺脫完美主義心態

某些人在追求目標的時候，會表現出事事追求完美的要求。追求完美的個人特質很快地將會變成一種阻礙。事實上，一般而言，凡事講求完美的人尤其難以完成任何計畫，因為沒有計畫是能夠一路完美無誤地完成的。所以對完美主義者來說，計畫走到最後只會有兩種結果：不是圓滿成功，就是一敗塗地。

想要跳脫出這種非成即敗的觀念，可以試著在設定目標時，將目標一分為二：劃分出高階目標與低階目標。

高階目標若能順利達成，當然最好，就算只完成了低階目標，其實也已經不錯了！這樣的做法可以幫助我們掙脫成王敗寇的二分法束縛。

Chapter 8

考量現實情況

> 「不是因為事情困難，我們才不敢去做，
> 是因為我們不敢去做，事情才變得困難。」
> 賽內卡[1]

有了明確可行的目標之後，還需要考量現實。

事實上，GROW模式的第二部分，就是要協助我們如何跨越個人的目標與周遭現實之間的鴻溝。

畫出你的現實狀況

好比說你要出遠門，首先你一定要知道你現在人在哪裡，還有你要去哪裡。

---

1. 賽內卡（Seneque 4~65）：古羅馬時代哲學家，劇作家。

人生不會永遠風平浪靜！

下方的這個圓象徵你的人生。請將這個圓分為三塊，分別代表你的人生裡：

- 順遂的部分
- 不滿的部分
- 還過得去的部分

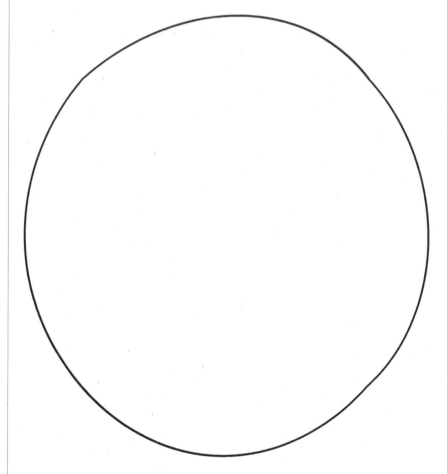

人生不會永遠風平浪靜

這三個區塊的面積大小比重，能告訴你，你有多滿意自己的人生。然後分別在這三個區塊中，舉出兩個具體的事例。

看著最後得出的結果：你心裡有什麼感受？滿意？還是不滿意？

接著，依此感受，將你的真實人生畫出來。這麼做是要幫你將人生的某個瞬間定格，將那一刻的紀實畫面擺在你面前。套句陳腔濫調，就是要讓你「正視現實，看清事實」。

練習 　　　**一天之中，你做了哪些事？**

用圖像來呈現你一天的活動。

一天之中，你做了哪些事？ 看你的了！

誰會在你身邊？

以圖像呈現哪些人即將參與，或者將被迫參與你的計畫。

你將邀請哪些人參與？又有哪些人將因為你這個決定而受到影響？

誰會在你身邊？看你的了！

確定與不確定性

以圖像呈現執行目標時，可能遭遇的不確定變數，與你可以掌握的確定項目。

執行目標時的確定與不確定性？

你有什麼感覺？

以圖像呈現出你對這個目標的感覺。有哪些是正面的？又有哪些是負面的？

你對這個目標有什麼感覺？

什麼都不缺嗎？

用圖像呈現你想要完成的目標，如今的你擁有哪些資訊，又缺乏哪些資訊。

什麼都不缺嗎？

現在的我離目標有多遠？

畫一具有十個階梯的梯子。第十階象徵目標達成，那麼你現在是在第幾階上呢？

我離目標有多遠？

想要達成目標，必然需要一些資源。這些資源，你都有嗎？

你的能力足夠嗎？

要完成計畫當然需要一些專門的知識與才能。用圖像來呈現你的目標所需要的才能、知識與資源。以雙欄位的表格分別記錄下：我有的與我沒有的。

我有的　　　　　　　　　　　　我沒有的

我有的／我沒有的資源

表格填完後，一定要提醒自己，千萬不要受到負面情緒的宰制，進而萌生退意。

練習

從負面翻轉至正向

畫一張雙欄位的表格，分別列出我不喜歡的，與我喜歡的東西。

選出人生各個領域當中的一項（例如，經濟狀況），然後在第一欄裡列出你在這個人生領域裡，最不喜歡的事。然後，根據對其厭惡的程度，給予一到五的評分。最後將列舉出的事項縮減至十項。第二個欄位內，則根據你在第一欄列出的厭惡事項，提出正向的說法。例如，「我不喜歡月底時，銀行對帳單上出現負值。」=>「我喜歡月底時，銀行對帳單上出現正值。」

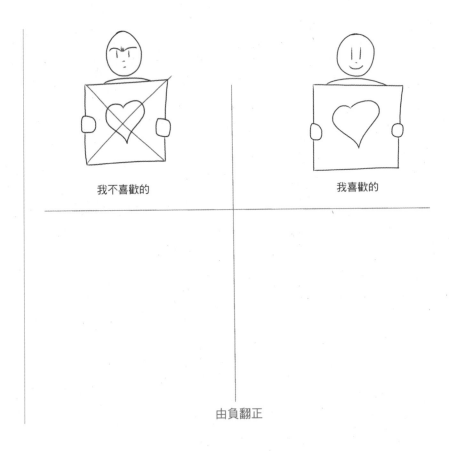

我不喜歡的　　　　　　　　　　　　我喜歡的

由負翻正

最後，我們可以借助象限分割法，來重新思考我們的人生。這四大象限
分別是：

- 創造
- 提高
- 降低
- 去除

創　造　　　　　　提　高

降　低　　　　　　去　除

藍海策略四大象限

克服阻礙

往目標邁進的路上，必然會遭遇困難。克服阻礙就等於朝向正確的解決之道邁進。

一般而言，遭遇阻礙之際，人們大體會出現兩種極端不同的反應：

• 停在阻礙之前，鎮日憂煩地想著該如何避開它。

• 或者定下心來思索，分析問題的起因，對症下藥，克服阻礙。

大家想必都看得出來，第二種反應當然比較能夠幫助我們清除一路上可能遇見的阻礙。

找出打亂計畫的阻礙

寫下計畫的名稱。然後，在阻礙一欄裡列出在執行計畫時可能遭遇的阻礙。接著，離開五分鐘，讓自己放鬆一下。隨後在解決方法欄內列出可以避免這些阻礙的可能方法。當然，並不是每一個阻礙都可能有辦法避開。儘管如此，某些阻礙還是有可能繞開的。

阻礙	解決方法

找出打亂計畫的阻礙

問題不見了！

想像一下。你一覺醒來發現所有的問題都消失了！你是怎麼知道問題都沒了呢？

例如，你正在為一家人搜尋一個老少咸宜的全家福旅遊假期。你在網路上搜尋了好久，始終找不到符合你預算的度假方案。所以你決定乾脆不找了，上床睡覺去，結果第二天醒來，不知怎地，彷彿得到了神助，你順利地找到了你理想中的度假行程。你怎麼能確定這就是你夢寐以求的

行程呢？因為這個假期方案完全符合你設下的所有條件：行程一個禮拜、預算五萬元以內、目的地為非母語系國家、不要飯店房間要住小木屋。請畫出你此刻的感受。

問題不見了

成功的要素與限制分別是？

每一項計畫自然都會面臨到某些方面的限制。好比：

- 人力　　　　　　・時間　　　　　　　・物資
- 資訊　　　　　　・金錢

此外，這些限制有些來自外部，有些則源自內部。

舉例來說，如果你計畫到東京度假，卻發現機票價格昂貴（很難找到價格不超過六千元的台北 - 東京來回機票），這就是來自外部的資金限制。而配合學校放假日，則是屬於內部的個人時間限制。

列出計畫面臨的限制

在紙張的正中央寫下計畫名稱。然後,把各方面的限制統統列出來。用不同顏色的筆來區分外部限制,與內部限制。

限制

人力	
金錢	
資訊	
物資	
時間	

列出計畫面臨的限制

每個計畫當然也會有能促進成功的關鍵因素。這些關鍵因素同樣可以用上方區分限制別的標準來劃分類別,也就是:

* 人力　　　　　　　* 時間　　　　　　　　　* 物資
* 資訊　　　　　　　* 金錢

列出計畫成功的關鍵要素

將計畫成功的關鍵因素,按照上面表格的類別,分門別類地列舉出來。

Chapter 9

評估所有可能方案
再決定

「你是自己人生的主宰，無論深陷何種牢籠，鑰匙始終握在你的手裡。」
達賴喇嘛

一個計畫從開始走到最後，完滿達成目標，這一路執行的過程中，你需要不停地做抉擇。在這一章裡，我們將透過多項練習題，快速搜尋出所有可能的執行方案選項，從中挑出能夠達成目標的優良方案，然後再進行最後的篩選，換言之，就是希望能選出這個當下的最佳執行方案。

列出各種不同的執行方案

藉由GROW模式的「O」代表的就是方案選項（Option）。在這裡，第一個步驟就是要列出所有可能的執行方案。千萬不要便宜行事，單單從手邊現有的兩三個方案裡頭挑選，你應該先花一點時間列出所有的可能方案選項。

再來，一定要問問自己：「如果錢不是問題，我還能怎麼做？」

最後，刪掉那些可能性為零的選項。當然，有時候因為環境和時間的變化，某些方案會突然又變得可行了。因此每一個方案，我們都應該仔細

審視其優缺點與執行所需要的條件。

檢視所有的選項

用樹狀心智圖的模式，呈現出所有可能完成目標的方案選項，也就是說，由中央往外擴展，區分哪些是主要選項，哪些是次要選項，愈往外擴的枝枒表示該選項執行的可能性愈低。記得要標註出所有選項的優缺點，與執行時需要具備的條件。一一檢視後，劃掉完全不可行的方案選項。

請注意：你也可以使用心智圖電腦繪圖軟體[1]，這樣的軟體非常之多。事實上，若採用手工繪製，只怕不一會兒，你的心智圖就會畫超出紙張的界線了。

在每一個方案選項下，標註萬一失敗了，你還能採取什麼樣的挽救應變措施。

列出計畫成功的關鍵要素

在做出抉擇之前，請先回答下列三個問題：

• 什麼樣的行動最簡便？
• 什麼樣的行動最具衝擊性？
• 你想採取什麼樣的行動？

想清楚之後再回答這個終極問題：你該怎麼做？

---

1. 樹狀心智圖：以樹狀圖的樣貌，梳理繁雜想法的圖像思考模式。

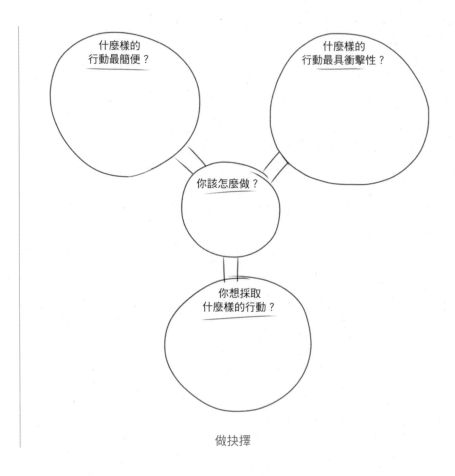

做抉擇

最後，在所有的可能方案選項裡，做出抉擇。當然也可以將數個選項累加在一起成為一個方案。在此同時，一併制定出能夠度量這個獲選方案進度的參數。

選項愈多反而選擇愈少！

貝瑞‧史瓦茲[2]在他的書《選擇的悖論：過多的選擇讓我們離快樂更遠？》（Le Paradoxe du choix : si la culture de l'abondance nous éloignait du bonheur ?）裡，清楚地闡釋了過多的選擇，反而會給我們帶來負面的效果。

現代的西方社會崇尚個人自由。一般我們用來檢視自由化程度的方法，就是人們的選擇是否有足夠的多樣性。貝瑞‧史瓦茲就舉了我們這個消費性社會為例。超級市場裡，琳瑯滿目的商品：數十種不同口味、品牌的餅乾、果醋等。而手機更是配備了各式各樣匪夷所思的功能：mp3、遊戲等。挑選手機於是成了一項令人頭疼的事。

大量多樣的選擇不僅出現在消費的面向，它的觸角早就深入擴展到社會的各個層面。以前，我們的私人生活，若用漫畫式的筆觸勾勒，可以簡略地歸納如下：盡快地找到另一半成家，然後養兒育女。如今，單身男女人人都在思忖著是否要結婚，而成婚的夫妻則在思考著該在什麼時候生孩子……。

資訊爆炸的時代，各種訊息新聞即時通傳，逼得我們必須時刻做出各種微小決定來應對。要不要回這封電子郵件？要不要讀這則簡訊？要不要回這通電話？而且這些問題經常是一股腦地全湧上來。擁有太多的選項，反而導致了行動癱瘓，讓我們做不了決定。就算我們成功地做出了抉擇，採取了行動，得出的結果也常常讓我們不甚滿意。相較於在選擇有限的情況下所做出的決定，我們失望的機率甚至更高。選項愈多，後悔先前決定的風險就愈大。再者，我們給每一個選項的價值設定，是跟其他可能選項相比後得出來的，換句話說，選擇愈多，我們就更傾向於期待其他選項可能帶給我們什麼樣的好處，最後導致

---

2. 貝瑞‧史瓦茲（Barry Schwartz）：美國心理學家。

可供選擇的選項愈多，我們的期待就愈容易落空。也就是說，我們抱持的期望愈高，對自己的決定感到失望的可能性就愈大。

做出決定（盡可能地做出好的決定）

我們每天都在做決定，小的決定（好比買這條褲子還是另一條），偶爾也要做一些重大的決定（例如買房子）。後者有可能對你的生活，甚至親友的生活造成長期的影響，因此我們常常做不出決定，生怕自己的決定是錯的。

大腦的從眾思考運作模式

大腦中有一個區域叫前額葉皮質，會驅使我們遵循大多人做的選擇。荷蘭奈梅亨（Nimègue）大學進行了一項神經科學的研究，他們利用人體的電磁波來抑制大腦這個區塊的運作，結果發現測試者變得比較有主見，不再輕易盲目地遵從大多數人的意見。

情緒也是影響人們抉擇的要角。

人類做出的決定絕對不是百分之百理性思考下的結果，事實上差得遠哩！在抉擇的過程裡，情緒經常扮演著關鍵性角色。一九八〇年代，美國神經科學家安東尼奧‧達瑪西歐[3]就曾對一位名叫艾略特的病患所表現出來的行為深感不解。原來艾略特的大腦前方（專司情感刺激的部位）曾動過一次切除手術，此後他再也無法做出任何決定。

安東尼奧‧達瑪西歐之後在他的書《笛卡爾的謬誤》[4]裡發展出一套驅

---

3. 安東尼奧‧達瑪西歐（Antonio Damasio）：葡萄牙裔美國神經科學家。
4. 安東尼奧‧達瑪西歐，《笛卡爾的謬誤，情感的理性》（L'Erreur de Descartes. La raison des émotions）。

體標記理論。也就是說，人們做出的抉擇處處標記著過去的好惡情感記憶（無論是有意識的，或是無意識的）。這些好惡情感標記會引導我們做出決定。所以要小心，別讓自己陷入好惡情感的渦流之中。這些情感頂多只能扮演警報系統的角色。

每個人面臨抉擇時，反應方式各不相同。有些人幾乎是反射性地衝動行事，有些人則表現得比較理智。

練習

你是衝動型還是理智型？[5]

下面這個簡單的練習能讓你更清楚地了解，當你面臨抉擇的時候，會有什麼樣的行為反應。畫一個三欄位的表格，分別在每個欄位裡寫下：我應該／我想要／我決定。然後回想一下最近一段時間裡發生的事。例如，上星期三，你應該把院子的草割一割了，但你卻懶懶地躺在電視機前。所以請在「我應該」的欄位上寫下：「割草」；在「我想要」一欄內記下：「看電視」；最後在「我決定」一欄中，寫下：「看電視」。

我應該	我想要	我決定
割草	看電視	看電視

現在輪到你了！

我應該	我想要	我決定

記錄完表格之後，清點一下。如果「我應該」欄與「我決定」欄相符的次數比較多，表示你比較傾向於理智型。若你的「我想要」與「我決定」欄相符的次數較多，那麼你就偏向於衝動型。

假設你是偏向衝動型的人，就需要借助下面的方法來克制自己：

---

5. 摘自安德烈‧羅里耶（Andrée Laurier）文章。

- 別急著做決定，先給自己一小段時間沉澱一下。別讓情緒左右了你的頭腦，以至於魯莽行事。
- 規劃計畫的進度。將計畫分割成數個階段的好處在於，更能有效地評估該計畫的重要性，不是自己一時熱血沖昏了頭。

假設你是偏向理智型的人，那麼多聽聽自己內心的聲音，它會給你帶來許多幫助。

萬一你太過理性了，那麼你有可能會一步一步地變成魔鬼代言人。避免自己走火入魔、步入歧途的好方法就是，轉個身看看另一頭有什麼。

練習

別成為魔鬼代言人

在紙上畫出兩大欄位。在第一欄的下方，寫下你的計畫可能會遭遇的所有不利情況。以想「成為人力培訓師」的這個計畫為例，假設你現在是公務員，那麼對你不利的情況就是：「我將失去穩穩的鐵飯碗」。

然後在第二欄的下方，針對第一欄的不利狀況提出對應性的反駁，好比：「工作時間將更自由有彈性」。

不利情況　　　　　　　　　　反駁

話是沒錯，可是……

全理性的邏輯決定

問題一：桌上有四張牌。每一張牌的一面寫著一個數字，另一面則寫著一個字母，我們只能看見牌的其中一面，看得見的那四張牌面上分別是：D、K、7、5。若想找出正反兩面分別是字母D與數字5的那張牌，卻又得遵守下面的規則時，請問你應該翻動哪幾張牌呢？

規則：翻動的牌裡，其中一面一定要有D或5，另一張則不能有D和5。

- 解答：應該翻看兩張牌：分別是桌上那張寫著字母D的牌，以及寫著數字7的牌。假如那張字母D的牌背面不是數字5，那麼那張字母D的牌就不是我們要找的。而數字7的那張牌的背面若是字母D，那麼，這張也不是我們要找的。

問題二：有四個人在酒吧裡，你只看得到他們的背面。第一個人喝的是啤酒，第二個人喝薄荷水，第三個人只有十五歲，而第四個人是三十二歲。為了符合未滿十八歲不能喝酒的規定，你應該詢問哪些人他們喝的是什麼，或者他們幾歲，才能確定四個人都遵守規定呢[6]？

- 解答：你應該請那位喝啤酒的先生出示年齡證明，然後詢問那位年僅十五歲的客人喝的是什麼？

第二題應該比較容易答吧。然而，從邏輯上來分析，這兩個問題根本是一模一樣的問題。面臨這兩道邏輯思考完全相同的問題，我們卻能比較輕鬆地回答出具像的第二題。換言之，運用圖像來分析問題，能讓問題變得具體且切合實際，進而簡化了解題的思考過程。

向朋友討教

總是自己一個人做決定，可能會讓你一直待在自己的世界裡，故步自封。有時候，問問朋友的的意見，會有所助益。只是要小心，這個朋友最好不是很熟悉你的日常生活背景的人，這樣才能給出比較客觀中立的建議。

---

6. 貝西歐（R. Persiaux），〈原來蘇格拉底是隻貓〉（Et donc Socrate est un chat），《人文科學重大檔案》（Les Grands Dossiers des sciences humaines）。

在做決定的時候，也可以依循彈性模式原則。

我們在做決策時，一般的做法通常是畫一張T形圖來衡量得與失，圖的一邊列出支持的理由，另一邊則列出反對的理由。麥克·克羅傑拉斯與羅曼·塞普勒合著的《決策書》[7]就提出了類似的決策方法，也就是所謂的彈性模式，這個方法也許更貼合現實：當我們面臨兩難的抉擇時，不如改換一下立場。彈性模式建議我們好好地評估下面這兩股力道：

• 什麼東西絆住了我？
• 什麼東西吸引了我？

彈性模式超越了傳統兩極的正反拔河，將正反兩股力道予以折衷。也就是說，正反拉鋸中間的每一種「可行選項」都可能變得有吸引力。

彈性

舉例來說，想成為一個獨立的人力培訓師：

• 吸引我的地方有：金錢回報優渥、時間運用靈活、生活更自主
• 絆住我的地方有：工作不穩定

首先，我們要確定影響我們做決策的標準是什麼。然後，再根據這些標準來評比每一個選項。

---

7. 麥克·克羅傑拉斯（Mikael Krogerus）與羅曼·塞普勒（Roman Tschappeler）合著，《決策書》（Le Livre des décisions）。

評估決策的標準

例如，你想成為人力培訓師的這個計畫，評估執行方案選項的標準有：金錢、自由度與時間彈性；可行的選項有：請培訓師、加入培訓機構、報名培訓課程。

	標準1	標準2	標準3
選項1			
選項2			
選項3			

我的決定會帶來什麼樣的後續發展與風險？

一旦做出了抉擇，就要開始評估這個決定可能帶來的短期（一到兩年）、中期（兩到五年）與長期（五年以上）的後續發展與風險。

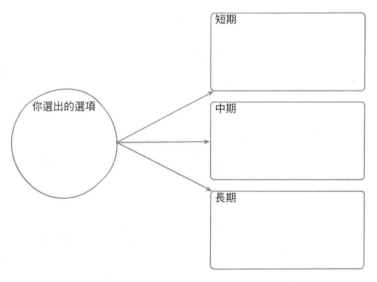

選擇多少具有長期後續發展的選項

後續發展模式

通常計畫在剛開始執行的時候，因為手邊沒有足夠的資訊，我們往往遲遲無法下定決心。然而，研究員克利斯提安·克萊納（Kristian Kreiner）與索倫·克里斯騰森（Soren Christensen）卻鼓勵大家，就算我們手邊沒有完整的必要資訊，也可以透過後續發展模式來進行分析（克羅傑拉斯與塞普勒的書裡也引用了這個模式），幫自己做出決定。

我們的身體左右我們的選擇？

人們慣用右手或慣用左手的習慣，有時也會影響我們的選擇。很顯然，人們常傾向於把自己能主宰的那一部分視為是好的，相對的，比較難以掌控的就是差的部分。人們通常也偏好那些被定位為「好」的那一邊的人與物：也就是，我們能夠掌控的那部分！這是人類認知能力的具體表現。我們的想法的的確確受到了身體的左右。[8]

---

8. 參閱休斯頓（M. Huston）的文章〈右手，正確的選擇，為什麼我們容易受到慣用邊的引導〉（Right hand, Right choice, Why we are biased toward things on our dominant side），出自《科學美國人：頭腦》

Chapter 10

開始行動！

經過審慎地評估，深思熟慮之後，你終於選定了目標。現在該是採取必要行動來實踐它的時候了。GROW模式的「W」，即「Work」，代表的就是這個最後的實踐階段。

讓想法更有條理

現在是努力將計畫付諸實際行動的時候了。萬事起頭難，一開始最保險的做法無疑是以類似腦力激盪的方式，激發出任何一個可以幫助你具體完成目標的點子。這裡就有一個特別適合腦力激盪的繪圖工具：心智圖。

以達成目標為主題開始腦力激盪

首先，拿一張紙，在紙的正中央畫一個大泡泡，然後把你訂出的目標寫在泡泡裡。接著開始腦力激盪，將腦中所有可行的想法，一一記錄在從中央泡泡橫生出的枝條上。此時先不要進行任何篩檢。

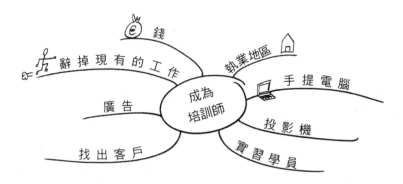

腦力激盪：目標「成為人力培訓師」

關於腦力激盪的幾個建議

在進行腦力激盪時記錄下來的想法，它們的位置是可以更動的。實際上，必須適時地予以變換，才能讓這張關係圖變得更有條理。所以進行腦力激盪時，最好選用能夠輕鬆改動位置的繪圖工具：例如繪圖軟題、可擦拭的鉛筆和橡皮擦、便利貼等。在這個階段，還不需要太在意繪製心智圖的那些原則，好比一個枝條上只寫一個字。當然也不必硬在紙上密密麻麻地寫一大堆。本章介紹的方法分成數個階段，可以讓你分段有序地，逐步充實填補你的圖。

請注意：本章中所有的圖都不要求一定要畫得盡善盡美，萬無一失。畫這些圖只是梳理想法的一個過程。

第二步，重新整理檢視你的圖，並將圖上的想法分類。這個分類的階段旨在協助你管理新出現的點子。此時，你可以將在某些已經記下關鍵字且又標註了好幾個想法的枝條上再畫出分权。當然，這個過程中，如果你的腦中又生出了一些想法，也一定要馬上把它們補進你的心智圖上。另外，你也可以仿造下圖，畫一些線把你的點子連結起來。

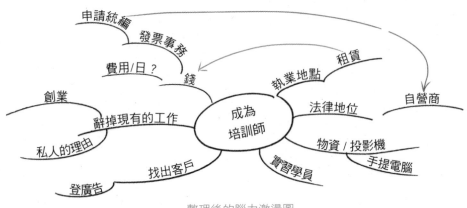

整理後的腦力激盪圖

練習

從腦力激盪到回答5W2H問題

腦力激盪圖完成後，就該開始檢視自己是否已經考慮了所有層面的問題。此時，可以運用一個非常有用的工具來檢查：回答5W2H問題。把腦力激盪記錄下來的所有想法，予以逐一歸入5W2H各類問題別中，也就是腦力激盪下的這些想法可以回答5W2H疑問當中的哪一個：誰？什麼？哪裡？什麼時間？怎麼做？多少？為什麼？你再根據這些疑問，補充新的想法，特別是還沒有得到任何答案的那類疑問。

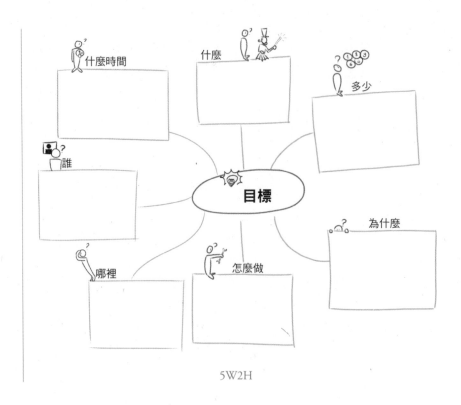

什麼時間

什麼

多少

誰

目標

為什麼

哪裡

怎麼做

5W2H

妥善規劃進度

朝目標邁進

腦力激盪階段告一段落後，再次寫下你的目標（依據本書第四章的準則所制定）。

然後想辦法訂出完成目標的各個必經階段。而最簡單的制定方法，就是從終點目標反向推演（有點類似迷宮遊戲尋找出口的邏輯）。

確立每個階段的進階點

各個必經階段劃分清楚後,最好能在計畫的執行進度表上,標註出每一個階段的進階點,也就是里程碑。

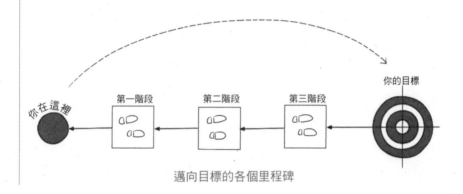

邁向目標的各個里程碑

往山頂前進

把完成目標比喻成登山攻頂,更能清楚地看見登頂路上必經的不同的階段。

利用5W2H問題的答案圖,制定出在你登頂的路途中,會有哪些關鍵里程碑。然後,勾勒出一條登頂的蜿蜒山徑。在山腳處,記錄你目前的情況。在山頂上畫一面登頂旗幟,並在旗面上寫下你的目標。畫出一道道光芒,在光芒裡寫下SMART目標的要點。最後完成一個太陽。在你上山的蜿蜒道路上標註各個階段的進階點,同時寫下可能遭遇的阻礙。在每一個阻礙旁,如果可以的話,也請註明克服該項阻礙的方法。

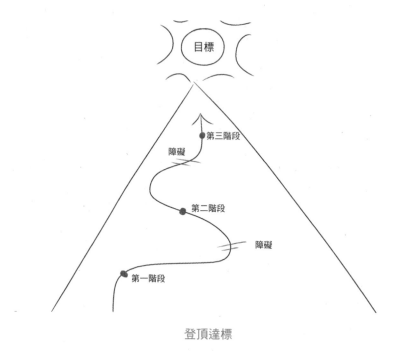

訂出每一個階段的完成期限。

讓火箭飛

計畫實踐就好比火箭發射。要讓火箭衝上雲霄,脫離地心引力
的牽絆,必得消耗巨大的能量。同樣地,計畫剛啟動的時候,
必然需要投入大量的心力與資源。這跟一般人既定的分配概念
不太相同,換言之,按照各階段在整個計畫的占比,依其比重
來分配各階段需要的資源,可能不是最好的做法。

制定不同的階段(前期/中期/後期)

我們按照上述的原則,制定了計畫的必經階段,也就等於將計畫大體劃
分成幾個宏觀期(如果難以訂出各階段的進階點,也可以用時間來概括

劃分出前期／中期／後期）。將每一段宏觀期裡比較重大的階段標示出來，然後決定在這些個階段中，你該完成哪些工作，如果可能的話，也請註明預計完成的期限。

人們常常在一抵達目的地的時候，整個人就完全放鬆了，這可能會是個危機。如果我們希望目標能夠持續長久，那麼我們就必須持續為自己注入一些鞭策自己的驅動力。

啟動

萬事起頭難，最主要的原因可能是，我們還不太清楚該從何處著手，當然也可能是因為我們的實施計畫訂得還不夠明確，以至於我們被迫不斷推遲上路的時間。想要讓自己一開始能走得順利一些，可以借用GTD技巧來制定出具體可行的步驟。

練習

穩紮穩打

訂出計畫初上路的頭三項具體工作內容。

訂出計畫初上路的頭三項具體工作內容。

GTD是英文「Getting things done」（搞定大小事）的縮寫，原本是大衛‧艾倫[1]研發出來的一種管理技巧。整體概念環繞在流動性上。GTD的原則相對來說相當簡單易懂：

- 清空腦容量
- 決定下一個該做的事項
- 每週定期回顧檢視所有事項
- 依情況安排手上的事項

練習

選擇該完成哪些事

從你的計畫中，標註「該完成的」事項裡，擇出：

- 必須在當日完成的一件事
- 必須在兩天內完成的一件事
- 必須在這個星期內完成的一件事

緊盯計畫進度

想要計畫順利執行，當然要緊盯計畫的進度。首先，拿張便利貼，在上面畫個小人兒（代表你這個人），這樣便可隨時變換你在登頂路途上的位置點，方便你檢視自己目前的進度。當然，你也可以使用豐田汽車發明的看板管理法。那其實就是一張很簡單的四欄位圖表，上面的四個欄位分別標示：

- 應該完成的事項
- 待完成的事項

---

1. 大衛‧艾倫（David Allen）：美國生產力、時間管理顧問。

- 進行中的事項
- 已完成的事項

然後把各個該完成的事項寫在便利貼上,隨著事情進行到不同的階段,變更便利貼黏貼的欄位。

讓大象動

兄弟檔心理學家奇普與丹‧希斯(Chip & Dan Heath) 在他們合著的《轉換:勇於改變》(Switch, osez le changement)一書中提出了一套方法,讓人們更容易接受改變。這套方法背後有著心理學研究的科學基礎。為了方便讀者了解,他們沿用了維吉尼亞大學心理學家強納生‧海特[2]提出的象與騎象人的比喻來闡釋。

我們同時受到自己的:

- 情感面:大象
- 理智面:騎象人

兩方的雙邊引導。

騎象人坐在大象的背上看似掌控了大象的行進方向,然而,大象因為體積龐大,重量驚人,其實非常難以駕馭。更何況大象的性情多較為懶散、愛耍小性子,甚至耍賴不講理。

希斯兄弟的改變法則可以劃分成三個階段:

- **引導騎象人:**
  - 看到未來的希望:當面臨改變之際,人們腦海裡第一時間浮現的往往是未來可能遭遇的困難與險阻,因而裹足不前。希斯兄弟認為一定要讓人們能夠預見到未來成功的曙光,才能締造真正的成功。

---

2. 強納生‧海特(Jonathan Haidt):美國社會心理學家。

- 關鍵時刻做出決斷：太多的選擇只會讓人變得優柔寡斷。在前路未明的時候，大象往往會選擇走慣常走的路。因此，騎象人必須先選定明確的路線，才能引導大象走上正確的路。
- 確認方向：目標過於模糊或者過於巨大，將無法說服人們接受變化。大象需要的是一個明確可達的目的地。

- **激勵大象：**
  - 要考慮大象的感受：在做抉擇時，理性不是絕對的依據。有時不如跟著自己的感覺走。
  - 縮小變化的幅度：大象在極短的時間內便會完全喪失鬥志。為了保持大象的士氣，最好把任務分割成小塊，讓大象比較容易消化負荷！
  - 肯定自己：即使最後任務確定將以失敗告終，我們也不該因此懷疑自己，全盤否定自己。

- **畫出路線：**
  - 簡化周邊環境：大象不喜歡路上有障礙。為了讓牠過得輕鬆，讓牠願意繼續向前，最好能事先規劃路線，迴避周遭環境的阻礙。
  - 創造規律的路線：這樣做的目的在養成良好的新習慣，來取代舊的壞習慣。希斯兄弟大力鼓吹使用行動觸發裝置。
  - 放手讓訓練有素的大象走：萬一迷路了，大象會發揮天生具有的群體盲從本能，牠會看象群裡的其他大象怎麼做，然後跟著做。所謂見賢思齊，你的身旁圍繞的是什麼樣的人非常重要。

結語

「視覺印象遠早於語言印象。孩子們在學會說話之前，就已經用眼睛觀看認識四周了。[1]」塗鴉是孩子學習過程中的一環。孩子們透過圖片與畫冊，了解身周的廣大世界。孩子們畫出來的東西不一定完全符合現實情境，但那是他親眼所見所感的世界。

魯道夫・阿恩海姆[2]在他的書《視覺思維》（La Pensée visuelle）中暗示，視覺印象與理性思考的分野早在古希臘時代就已經出現。有些希臘哲人認為視覺「既是智慧的開端也是結束」。事實上，人類常被自己的視覺感知所欺騙。

印刷術發達之前，中世紀發行的宗教書籍，裡頭總是圖文並茂。印刷術的發明改變了這一切。字母被刻成可移動轉換的活字版，方便反覆使用。插畫反而變得需要多費功夫裁剪和安排版面。印刷術的發明，讓文字搖身一變，成為了傳遞思想的主要工具。而今，數位化技術將文字從絕對優先的地位拉了下來。的確，現代的智慧思維工具能夠讓我們更便捷，用更低的成本，創造出圖文並茂的產品。

圖畫絕對不是藝術家的專屬產物，人人都能善加利用，並獲得好處。也就是說，繪圖能力在當代的社會裡變得愈來愈重要，因為資料視覺化的趨勢，正蓄勢待發，席捲而來。

這本書，是一套工具，讓你懂得如何放膽地畫出自己的想法。

現在就拿起筆來吧！

---

1. 約翰・伯傑（J. Berger J. 1926~2017）：英國藝術評論家、畫家、小說家，《看的方法：從BBC電視影集延伸》（Ways of Seeing : Based on the BBC Television Series）。
2. 魯道夫・阿恩海姆（Rudolf Arnheim 1904~2007）：德裔美國心理學家。

手繪還是電腦繪圖？

	手繪	電腦繪圖
繪圖工具	人人（幾乎）隨時隨地都有一枝筆在手。	軟體的取得可能較為費時，因而延誤了想法的連結成形。
繪圖空間	繪畫的空間受限於紙張的大小（多為A4或A3）。當然也可以用更大張的紙。 繪圖者得做好紙張的構圖布局。空間的局限性正好逼得我們歸納精簡我們的想法。	原則上，繪圖的空間可說是沒有限制。繪圖者能夠運用滑鼠滑動／置換的功能，輕易地加圖。但過大的空間也可能導致整幅圖變得凌亂繁冗。
插圖	畫出美麗的插圖需要一點基本的藝術天賦。然而，我們繪製圖像筆記的目的並不在於畫出美麗的插圖，而是要能快速勾勒出腦中的想法。繪圖者親筆畫的圖是專屬於他個人的圖像，也就是說，完全依循他個人的思考邏輯下筆成形，因此他畫出的想法彼此更容易連結貫通。	繪圖軟體是一個能輕鬆完成構圖的工具。這類軟體通常備有圖庫。另外，也可以從網際網路上尋找圖源。但要小心，千萬別侵害了別人的智慧財產權。

	手繪	電腦繪圖
修改	在完成最終版本前，通常會先畫出幾張草稿。	繪圖軟體能夠完成一切的修訂增補，甚至讓整張圖改頭換面。
實際應用	一次只能看一張。	無限制的空間能讓圖像筆記串聯成系列。
再利用	要先掃描之後，才能變成數位資訊分享。如果紙張大小超過A4的規格，有時候還得先拍照。	能夠以好幾種不同大小的格式分享。看起來也比較乾淨清楚。
優點	使用的工具較低端，成本低廉。創造力可無窮發揮。 線條勾勒快速，能迅速地讓腦中抽象的想法具象地在紙上呈現。	
缺點		某些軟體價格不菲

精選繪圖網站

視覺思維方面

Heuristiquement（www.heuristiquement.com）：這個西班牙諮詢網站是由菲利普‧布科薩（Phillippe Boukobza）經營，有數種語言版本，網址如下：

- 英文版：Visual Mapping（www.visual-mapping.com）
- 法文版：Heuristiquement（www.heuristiquement.com）
- 西班牙文版：Mind Mappers（www.mind-mappers.blogspot.com）

心智圖方面

Collectivité numérique（www.collectivitenumerique）：薩維耶‧德朗蓋尼的部落格，期許能兼容並蓄地為大家介紹眾多的焦點主題——視覺思維、心智圖法、概念圖法（concept mapping）、相關資訊的研究追蹤，與個人知識管理等。

你可以在這個部落格裡找到許多關於心智圖的資料，特別是：

- 可以免費下載本書作者著作的精選段落。
- 找到某些心智圖繪圖軟體的免費操作教學影片：例如Freemind與Mindmanager。你也可以上YouTube頻道搜尋。
- 其他資訊

MindManagement（www.Mindmanagement.org）：這是心智圖協會為一般大眾所開設的網站，由皮耶‧蒙寧（Pierre Mongin）主持，對於心智圖有非常深入的解說。你可以在這裡找到該協會舉辦的心智圖研習課程的所有資訊，如研習日程。

Freemind par l'exemple（www.freemindparlexemple.fr）：想深入了解Freemind軟體嗎？這個由法蘭克‧曼特納（Franck Maintenay）經營的部落格就是你的最佳入門選擇。這裡除了解說Freemind與從它複刻衍生出的版本Freeplane之外，還有Xmind，並提供了免費的操作教學影片。

Pétillant（www.petillant.com）：有很長一段時間，Pétillant一直是法語界心智圖網站的翹楚。然而時至今日，它似乎有些跟不上時代了。話雖如此，在這個網站裡仍然可以找到有關心智圖的許多有趣資訊。值得一提的是，裡頭還保存了一些公共部門完成的心智圖範例，非常具有啟發性，例如舉辦選舉、進行民調等主題。

Idergie（www. Idergie.com）：這是由《點子圖，心智圖公司180度到360度的全視角管理》（Des idées à la carte. Mind mapping et Cie pour manager de 180° à 360°）的作者貝諾‧戴沃（Benoît Delvaux）經營的部落格，內容較偏向於公司管理。在這裡，你可以找到一些免費的資源，例如Personal Brain軟體的法語版教學影片。Personal Brain是一款心智圖軟體，將資料以交叉連結的概念形式來呈現。

你可以敏感，
但不要被敏感控制
在生活中找到駕馭自己，
增加能力的高敏感族練習題

作者：愛曼達・卡熙兒博士

譯者：梁若瑜

★一本重新認識自我的人生補充教材 全面幫助人生的最強練習題★
★作家高愛倫專文感動推薦★

**暢銷心靈作家 柚子甜｜網路作家 忘遇珍｜心理學 YouTuber 一郎人生
親職溝通作家與講師 羅怡君｜街頭故事創辦人 李白**

你幹嘛想那麼多！你很神經質耶！
你只不過是想得深一點，情緒的強度高一點，
對環境意識活躍一點，反應的時間長一點……這樣錯了嗎？

從生活、工作、人際關係、家庭溝通開始練習，
在不同的場合與環境中利用本書找出最真實的自我，
學習更了解自己，更認識自己。
這本書的目標，並不是要「治療」你，讓你變得不再高敏感，
而是要協助你，讓你擁有駕馭高敏感特質的能力，
做出最棒的決定，繼續往前走，活出更精采的自信人生。

你會比昨天更堅強
心理學家為你量身打造的自信心練習題

作者：芭芭拉‧馬克威博士、西莉亞‧安佩爾

譯者：林師祺

★自信是一把鑰匙，開啟你獨特的天賦★
★美國亞馬遜 4.6 星、超過 2000 則以上讀者好評★

「方法正確，人人都可以活出最有信心的自己！」
《內在原力》作者、TMBA 共同創辦人愛瑞克 專文強力推薦

你參加一場電影映後座談，明明很想舉手發問，卻遲遲不敢；
遇到喜歡的人，還沒開口說話就臉紅耳赤；
恐懼、懷疑和缺乏自信，是否常常成為生活中的絆腳石呢？

累積近三十年經驗的心理學家芭芭拉‧馬克威博士，
引導成千上萬的人建立自信！
她說：「自信心就像肌肉，如果不持續鍛鍊就會鬆垮潰堤。」，
透過書中的練習一步步指引我們去反思，設計屬於自己的檢查量表，
以及一題題的測驗，重整你對自己的認知。

陪你度過情緒低谷

用 150 個活動增進青少年的自信

心、溝通力和人際關係

作者：凱文・谷澤斯基

譯者：梁若瑜

★ 20 年專業認證休閒治療專業★
★ 150 個簡單又有效的心理治療小遊戲★

繪本作家 龐雅文｜親子作家 彭菊仙｜
心理師、作家、講師 陳雪如 Ashley｜發瘋心理師 鄧善庭
政治大學／東吳大學心理系兼任副教授 修慧蘭｜
清華大學教育心理與諮商學系教授兼系主任 許育光博士　專家好評推薦

每個青少年都是「獨一無二的品種」，
這個階段會想要測試大人的底線和挑戰既有規範，
這個階段會覺得大人有控制權，並不想聽大人「說教」，
然而這個階段更想說出心裡的話，更想了解自己的思緒……

本書 150 個簡單又有效的心理治療小遊戲，
讓你能輕鬆打開孩子的心，建立孩子的自信心和增進溝通技巧，
有效因應生活中的種種挑戰，讓孩子能感受自己的情緒，
誠實面對自己，甚至分享自己的感受成長茁壯。

請對自己好一點
平息內在風暴的善待之書

作者：蘿拉・希爾伯斯坦—蒂奇

譯者：翁雅如

★心理學博士專業規劃★
★給每個人的自我關懷指南★

「不用故作堅強，不再委屈，接納你的個人特質。」 ___ 諮商心理師 蘇絢慧

心靈作家 柚子甜｜宇宙 林思宇 共鳴推薦

工作上有失誤，你會先怪罪自己？還是先想解決辦法？
與人相處接觸，你只想遠遠躲開？還是盡量保持距離？
明明知道要放過自己，對自己好一點，
你卻找不到方法，反而讓自己壓力越來越大……

透過本書循序漸進的練習活動，運用在日常生活，
將自我關懷融入思緒、感受和行動之中
一步一步幫助你學會平息內在風暴的各種技巧與策略。
從今天開始，好好疼愛自己！和你的情緒直球對決，
打造一本獨一無二的「自我關懷計畫書」。

Creative 173

用圖像思考法整理人生
80道練習題，立刻行動實踐夢想

作　者｜薩維耶・德朗蓋尼（Xavier Delengaigne）
插　圖｜莎瑪・奧特瑪妮（Salma Otmani）
譯　者｜蔡孟貞

出版者｜大田出版有限公司
台北市一〇四四五 中山北路二段二十六巷二號二樓
E - m a i l｜titan@morningstar.com.tw　http：//www.titan3.com.tw
編輯部專線｜(02) 2562-1383　傳真：(02) 2581-8761

總　編　輯｜莊培園
副總編輯｜蔡鳳儀
行銷編輯｜陳映璇
行政編輯｜林珈羽
校　　對｜黃素芬／金文蕙／蔡孟貞

初　　刷｜二〇二二年三月一日　定價：三五〇元

網路書店｜http://www.morningstar.com.tw（晨星網路書店）
TEL：04-23595819 FAX：04-23595493
購書Email｜service@morningstar.com.tw
郵政劃撥｜15060393（知己圖書股份有限公司）
印　　刷｜上好印刷股份有限公司
國際書碼｜978-986-179-709-0 CIP：494.4/110019685

填回函雙重禮
① 立即送購書優惠券
② 抽獎小禮物

國家圖書館出版品預行編目資料

用圖像思考法整理人生／薩維耶・德朗蓋
尼著；莎瑪・奧特瑪妮繪；蔡孟貞譯 . ——
初版——台北市：大田，2022.03
面；公分 . ——（Creative 173）

ISBN 978-986-179-709-0（平裝）

494.4　　　　　　　　　110019685

Visualiser sa vie en quelques coups de crayon
© 2020, Éditions Eyrolles, Paris, France
Chinese complex characters edition arranged through
The Grayhawk Agency